硅基纳米片储氢复合材料制备及性能研究

Preparation and Performance Study of Silicon-based Nanosheets Hydrogen Storage Composite Materials

刘菲　著

化学工业出版社
·北京·

内容简介

本书以硅基纳米片储氢复合材料的制备及其性能研究为主线，详细描述了基于拓扑化学的反应机理，使用 $CaSi_2$ 作原料，选用甲醇、乙醇、异丙醇、乙二醇四种反应溶剂，通过改进的工艺条件制备出四种结构、形貌和性能不同的SNS产物，以及如何通过改变实验条件来调控产物的特性，并介绍了采用微波法将金属有机骨架化合物 $Cu_3(BTC)_2$ 在SNS上原位复合的方法，考察了微波反应条件对材料结构、微观形貌、比表面积和储氢性能的影响；同时还通过过渡金属Pd、Ni以及碱金属Li的复合改性方法，制备了不同金属沉积量的Pd-Ni/SNS和Pd-Li/SNS复合材料，并分析了其在特定温度下的氢扩散性能及改善机理等内容。

本书具有较强的针对性和参考价值，可供从事纳米储氢复合材料制备及性能研究的科研人员和管理人员参考，也可供高等学校能源工程、材料工程及相关专业师生参阅。

图书在版编目（CIP）数据

硅基纳米片储氢复合材料制备及性能研究 / 刘菲著.
北京：化学工业出版社，2024.11. — ISBN 978-7-122-46974-8

Ⅰ. TG147

中国国家版本馆CIP数据核字第2024J99Z58号

责任编辑：刘　婧　刘兴春　　文字编辑：丁海蓉
责任校对：王　静　　装帧设计：刘丽华

出版发行：化学工业出版社
（北京市东城区青年湖南街13号　邮政编码100011）
印　　装：北京建宏印刷有限公司
710mm×1000mm　1/16　印张11¼　彩插5　字数174千字
2024年12月北京第1版第1次印刷

购书咨询：010-64518888　　售后服务：010-64518899
网　　址：http://www.cip.com.cn
凡购买本书，如有缺损质量问题，本社销售中心负责调换。

定　　价：98.00元

前言

随着全球气候变化对人类社会构成重大威胁，越来越多的国家将“碳中和”上升为国家战略，提出了无碳未来的愿景。2020年，中国基于推动实现可持续发展的内在要求和构建人类命运共同体的责任担当，宣布了碳达峰、碳中和目标愿景。“双碳”背景下，氢能源被认为是最为理想的能量载体和清洁能源的提供者。2022年北京冬奥会成为迄今为止第一个“碳中和”冬奥会，千余辆氢能大巴穿梭于赛场，3大赛区26个场馆实现100%绿电供应，超1000辆氢燃料赛事交通服务用车示范运行，全程配备了30多个加氢站，成为继2008年北京奥运会和2010年上海世博会之后氢能大规模应用的又一次成功示范。这些都标志着中国氢产业化已进入快速发展阶段。目前，我国已成为世界上最大的制氢国，年制氢产量已超3000万吨。2022年，我国贡献了约全球可再生能源总容量新增部分的48%，在全球能源转型和促进可持续发展方面发挥着关键作用。

就目前我国的氢能产业链来看，储氢技术一直是制约氢能大规模应用的关键问题。最常用的方法有高压气态储氢、低温液态储氢、液态有机储氢和固态储氢，其中固态储氢技术具有体积储氢率高、安全性能高、能效高、加氢站成本低等优点，在海外已经实现了燃料电池潜艇商业应用，在国内目前以分布式发电示范应用为主。《硅基纳米片储氢复合材料制备及性能研究》针对氢能利用中最重要的储氢环节，以硅基纳米片为研究主线，结合最新的研究及应用现状，详细介绍了各种提高储氢性能的改性方法，不仅包括制备方法、测试手段、改性原理和关键技术，而且对其应用前景进行了分析和评述。本书是在国际、国内氢能快速发展大背景下编撰而成，旨在为新能源领域的科研工作者、企业家和工程技术人员，以及新能源专业的本科生、研究生提供专业的储氢知识。

本书共6章，第1章主要介绍氢能的概况、储氢材料的研究进展及硅基纳米片的发展现状；第2章主要介绍硅基纳米片的制备方法、储氢性能研究及应用前景；第 3 章主要介绍采用 $Cu_3(BTC)_2$ 与硅基纳米片原位复合提高储氢性能的关键技术、储氢性能研究和应用领域；第 4 章主要介绍过渡金属 Pd、 Ni 共沉积修饰硅基纳米片的制备方法、储氢性能研究、改性机理及应用前景；第 5 章主要介绍过渡金属 Pd、碱金属 Li 共沉积改性硅基纳米片的制备方法、储氢性能研究、改性机理及应用前景；第 6 章主要介绍硅基纳米片的其他制备方法及应用前景。

本书由太原工业学院刘菲副教授撰写，在本书编撰过程中广西科学院王仲民教授给出了宝贵的意见和建议，在此表示衷心感谢！本书编撰和出版得到了太原工业学院引进人才科研资助项目 (2023KJ017) 的资助，在此表示感谢。

本书在编撰过程中，虽尽力收集国内外相关的文献资料，力求准确有效，但限于著者水平及编写时间，书中不足和疏漏之处在所难免，敬请读者提出宝贵建议。

著者
2024 年 5 月

目录

第1章

绪论

1.1 氢能概述

自 2014 年 APEC（亚太经济合作组织）峰会上首次提出“碳达峰”“碳中和”以来，全球能源战略发生了结构性的转变[1-3]。“碳达峰”是指在某一时刻，二氧化碳的排放量达到历史最高值，随后逐步回落[3]。“碳中和”是指企业、团体或个人测算在一定时间内直接或间接产生的温室气体排放总量，通过植树造林、节能减排等形式得以抵消，实现二氧化碳“零排放”[2]。全球各国都在努力朝着“碳中和”的目标迈进。

随着全球经济的持续增长，对能源的需求也在不断上升。然而，传统能源的使用带来的环境问题和资源枯竭风险已经引起了广泛关注，这使得向低碳、可持续的能源体系转型成为当务之急。图 1-1 为 2020 年全球一次能源消耗排名前十国家的消耗量与 GDP（国内生产总值）关系图，从图中可以看出 GDP 与一次能源消耗有直接的依赖关系。未来经济的可持续发展不仅对应对气候变化、能源供应的安全性具有很高的要求，而且提高能源使用效率、推动技术创新、产业结构持续优化升级、降低单位 GDP 能耗都成为能源转型发展的必然要求。因此，各国政府和国际社会通过采取有效措施，共同努力推进能源转型，以确保未来经济与环境的“双赢”。

2021 年 4 月 22 日的全球气候峰会上，欧盟承诺将欧盟长期预算的 25％用于支持碳密集活动地区向“绿色”经济转型，并且每年将追加 2600 亿欧元（约占欧盟 GDP 的 1.5％）用于支持气变行动。美国总统拜登在上任之初便提出了“清洁能源革命和环境计划”，并且以立法的形式承诺在 2050 年之前实现全美国经济范围内的净零排放。英国首相鲍里斯·约翰逊于 2020 年 11 月 18 日宣布了绿色工业革命 10 项计划，包括能源（海上风能、氢能、核能）、交通（电动汽车、公共交通、骑行和步行）和航运等方面，并且将从 2030 年、2035 年逐步开始停止售卖新的燃油动力车和混合动力汽车，比预期计划提前了 10 年。德国于 2019 年 12 月 18 日通过了《联邦气候变化法》，制定了《气候行动计划 2050：德国政府气候政策的原则和目标》和《气候行动规划 2030》，成立了独立的气候变化专家委员会，誓在 2030 年前联邦政府实现气候中和。日本政府推出绿色增长战略，提出到 2050 年清洁能源的发电量要占日本总发电量

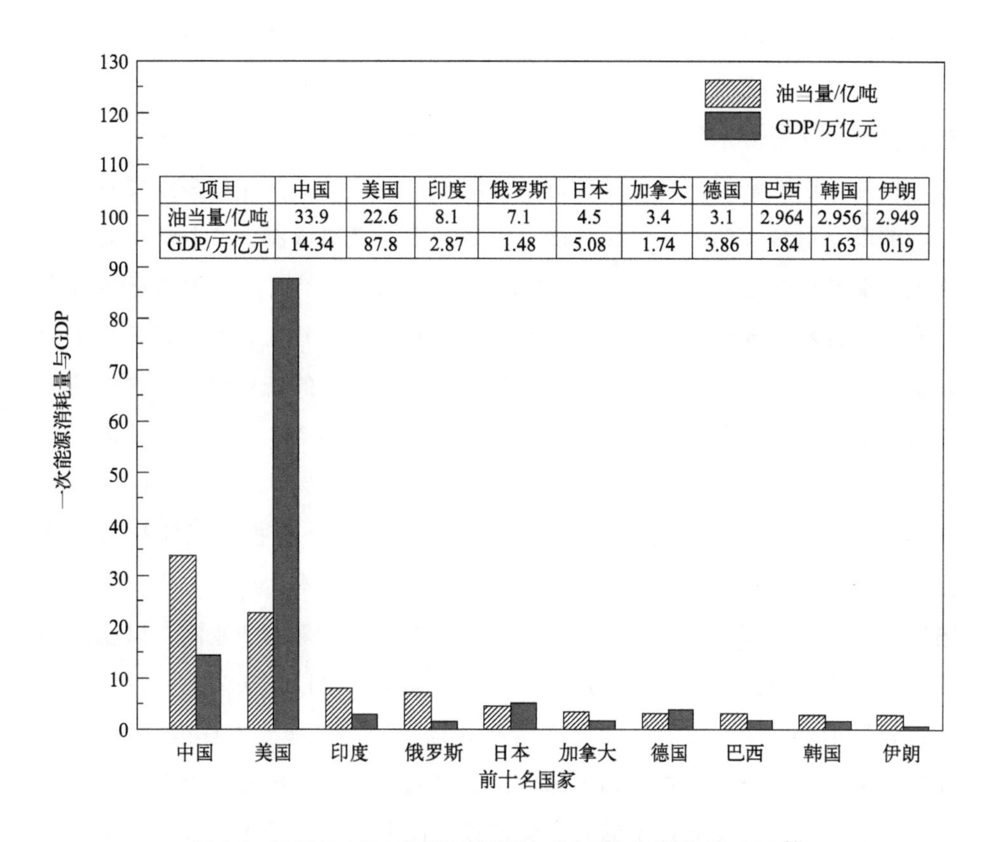

项目	中国	美国	印度	俄罗斯	日本	加拿大	德国	巴西	韩国	伊朗
油当量/亿吨	33.9	22.6	8.1	7.1	4.5	3.4	3.1	2.964	2.956	2.949
GDP/万亿元	14.34	87.8	2.87	1.48	5.08	1.74	3.86	1.84	1.63	0.19

图 1-1 2020 年全球一次能源消耗排名前十国家的消耗量和 GDP[3]

的 50%～60%，氢能源将在交通、发电等行业大力推动应用，预计将提高至 2000 万吨。截至目前，全世界已有 127 个国家承诺预计将要实现碳中和，这些国家的 CO_2 排放量占到全球的 50%，GDP 总量占全球 40%以上。这些数据背后折射的则是以“碳中和”为终极愿景，一场全球性的没有硝烟炮火的新型博弈。本质上，“碳中和”与“碳达峰”都是旨在减少碳排放量，然而不仅仅是节能减排，更要从根本上变革发展方式，高质量地实现“碳达峰”“碳中和”已成为中国乃至全世界各国能源结构向深度“脱碳”转型的急行令[4-16]。

氢能作为新兴的绿色能源，在各个国家的战略布局中盘踞要津。随着氢能技术的蓬勃发展，全球多个国家在“深度脱碳转型”中纷纷指明了“氢能社会”的战略方向。德国受“碳中和”与“碳达峰”的承诺驱动，针对在能源转型中出现的电力系统稳定性不可靠和能源对外依赖度过高的问题，以氢能作为一种媒介，充分提高“弃风”、“弃光”和“弃水”的消纳能力，将可再生资源的冗余电力转化为可存储的氢能，加快“难以减排领域”深度脱碳的节奏。在生产端优化绿氢生产链，在应用端全面覆盖工业生产、交通运输、居民生活等多个领域，多举措推进能源转型。澳大利亚利用先天地域优势，根据他国的能源需求量身打造低碳氢能，以蓝氢、绿氢作为主要贸易商品，欲以全球最大的氢气供应商的身份跻身世界氢能版图，产业链中既包括氢生产端的优化也包括氢储运端的技术创新。2019 年底，澳大利亚与日本形成联合技术研发团队，以资源调度、技术互补、贸易互利的模式开创了国际新型能源贸易的先河，打开了互惠互利、合作共赢的新局面。日本迫于能源禀赋危机，在当前能源战略布局中将氢能作为一块新“阵地”，凭借多年的积累与沉淀，以拥有全球 50％氢能领域的优先权专利，处于关键技术的领军地位，以交通工具和家用设备为主要推广区域，在推动氢能技术产业化、市场化的进程中走在世界前列，也率先开创了技术、产业与市场之间协同促进的良性机制，以“天花板”的高度织出了一张氢能产业网，以稳固的技术壁垒为国家能源战略保驾护航。美国的能源战略以石油为主，近些年随着页岩气革命的快速崛起，能源自给率大幅提高，氢能受支柱能源的排挤，发展势头出现下滑，日本、韩国和中国已赶超。但是美国在近十年里始终保持将氢能作为重要战略技术储备，将持续不间断的资金投入科技研发中，州立政府以能源补贴、发放贷款和优惠税收政策等方式促进氢产业发展，使得美国在氢技术发展中攻城略地，雄霸一方[17-20]。

当前，全球氢产业链中各个环节的推进如火如荼，关键技术的创新如雨后春笋，有预测数据表明，伴随着制氢和储运技术水平的节节攀升，氢产业链的成本将大幅下降，将为氢能规模化应用的推广带来极大利好。根据《中国氢能源及燃料电池产业白皮书 2020》[21]，目前中国的氢能年产能达 4100 万吨，年产量达 3342 万吨，位居世界第一，而且到 2050 年氢能在我国终端能源体系中的占比要达到 10％。图 1-2 为我国终端能源体系在 2016 年的实际情况和 2050 年的占比规划[22]。

到 2021 年第三季度，我国已布局氢能发展产业的省（区、市）超 30 个，有 5 个省（区、市）布控氢能产业专项发展方案，北京、河北、四川、山东、广东、浙江、江苏和内蒙古等 11 个省（区、市）相继出台氢能产业的“十四五”规划，以国家能源集团、国家电网、东方电气、航天科技、中船重工、宝

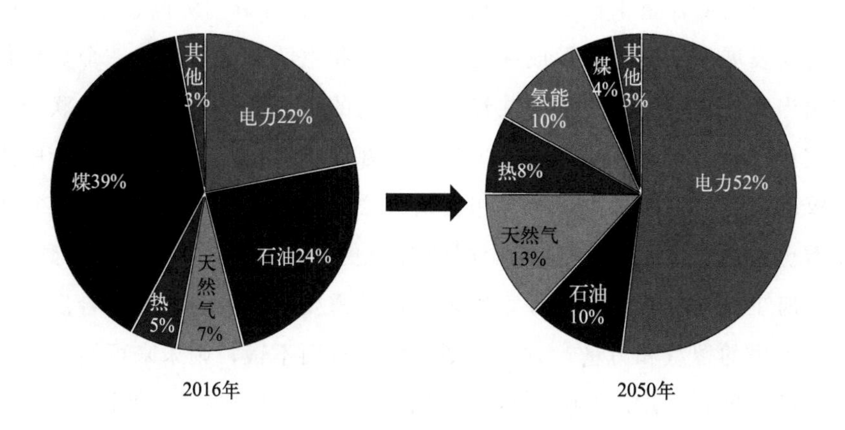

图 1-2　我国终端能源体系占比规划[22]

武钢铁、中国中车、三峡集团、中国一汽、东风汽车、中国钢研等央企成立的阵容强大、实力雄厚的“国家队”已扩容至 105 个成员，新增 19 家地方国有企业、13 家高校科研院所、32 家民营企业和 16 家外资及在华机构，由成员单位发起的地方联盟 9 个、省级氢能创新研究中心 5 个、大规模“氢产业园区”、氢能示范中心等项目都正在如火如荼地建设，已列入预算规划的氢能源汽车超十万辆、加氢站超 500 个，标志着中国氢产业化的高铁已鸣响汽笛，全速前进[23,24]。

2022 年北京冬奥会以“举办一届碳中和的冬奥会”为目标，从火炬全部使用氢能作为燃料到示范运行超 1000 辆氢燃料赛事交通服务用车（占全部服务车辆数 25%），并配备了 30 多个加氢站，成为继 2008 年北京奥运会和 2010 年上海世博会两次示范后氢能应用规模更大的又一次成功示范[23,24]。乘用车市场信息联席会（简称乘联会）秘书长崔东树指出：“北京冬奥会上的氢燃料电池汽车示范，很好地展现了中国十分重视低碳环保这一形象。虽然这样的示范在短期内没有市场化的机会，但对我国氢燃料电池汽车的发展还是有一定的推动作用。”根据国际氢能委员会此前发布的预测数据，到 2050 年，氢能源将承担全球 18%的能源需求，有望创造超过 2.5 万亿美元的市场，燃料电池汽车将占据全球车辆的 20%～25%。与东京奥运会相比，北京冬奥会更集中在车辆应用领域，而日本对氢能的推广使用范围则更大，在家庭住宅、商业建筑的供电供暖等多元应用场景中大规模开拓氢能利用。

中国在这场较量中将展开一场自我革命，以创新、协调、绿色、开放、共享的新发展理念，加快形成绿色发展方式和生活方式，展现一个负责任大国的担当和使命，同其他各国共建生态文明的美丽地球。自首次在联合国大会上宣布“碳达峰”“碳中和”以来，这两个词语已经成为我国多个中央重要会议的高频词汇，中央经济工作会议将“碳达峰”“碳中和”列为2021年八项重点任务之一，在2021年全国两会上更是首次将“碳达峰”“碳中和”写入政府工作报告。此番任务，道阻且长，需要全社会各行业融合发展，凝聚全体人民的智慧和力量，方可行则将至，行而不辍，则未来可期。

就目前我国的氢能产业链来看，限制大规模应用的两大主要瓶颈是成本高和储运技术障碍。其中成本高主要与制氢端的Pt催化剂价格昂贵，以及储存和运输成本过高有关。氢能的存储和运输是氢能产业技术中的“卡脖子”问题，最常用的方法有高压气态储氢、低温液态储氢、液态有机储氢和固态储氢，其中高压气态氢储存技术最为成熟，广泛应用于工业生产中[25]。近十年以来，中国在氢能储运技术方面的专利申请数、科研论文发表量节节攀升，井喷式的增速超过了日韩、欧美国家，在2020年达到了顶峰[26]。然而与日本和美国相比，日本拥有占全世界总数量70％的氢储运技术专利权人，在各国排名中位居第一；美国的氢能储运技术专利价值度最大，在世界各国的排行中独占鳌头[26]。相比之下，我国的科研成果虽然数量多、增速大，但是质量却有待提高，因此需要进一步加强氢能产业的创新意识，不断提升攻克氢能储运关键技术和降低产业成本的创新能力，提高我国氢能产业技术的综合实力。

1.2 储氢材料

目前主要的储氢技术按照储氢方式不同分为化学储氢（表1-1）[27-33] 和物理储氢（表1-2）[34-36]。

表1-1 常见化学储氢技术分类及特点[27-33]

名称	储氢机理	典型代表	优点	缺点
氨硼烷化合物	氨硼烷通过水解、热解、醇解等方式放出氢气	NH_3BH_3	储氢质量密度大(19.6%，质量分数)、热稳定性较好	副产物多、放氢效率低、能耗损失大

续表

名称	储氢机理	典型代表	优点	缺点
甲醇储氢	CO与H_2反应生成液体甲醇，作为氢能的载体	CH_3OH	储氢质量密度大(12.5%，质量分数)、工作条件常温常压	贵金属催化剂成本高
无机物储氢	碳酸氢盐与甲酸盐相互转化完成吸放氢过程	$KHCO_3$或$NaHCO_3$	氢气质量密度较大(2%，质量分数)便于储存和运输、安全性好	可逆性差、催化剂成本高
液氨储氢	氢与氮气合成液氨，以液氨形式储运；在常压、约400℃下分解放氢	液氨	工艺成熟、便于长距离储存和运输	腐蚀性与毒性大、易损耗
金属氢化物	在合金表面解离的H原子，进入金属晶格内四面体或八面体空隙，形成金属氢化物	Mg系、Ti系、Zr系、La系、V系，如Mg_2Ni、$LaNi_5$等	储氢密度高(1%～8%，质量分数)、氢化物稳定、安全性高、稳定性强、质量轻	工作温度高、活化困难、易中毒、吸放氢速率小、循环稳定性差
金属配位氢化物	碱金属Li、Na、K等或碱土金属Be、Mg、Ca等或过渡金属Ti、Zr与第Ⅲ主族元素B、Al等和H生成金属配位氢化物	如$NaAlH_4$、$LiAlH_4$、$KAlH_4$、$Mg(AlH_4)_2$、$Be(BH_4)_2$等	储氢质量密度大(7.4%～10.6%，质量分数)、$Be(BH_4)_2$理论储氢量达20.8%(质量分数)、储氢效率高、安全性高	氢脱附温度高、可逆性差
液态有机物储氢	不饱和液态有机物与氢加成，生成稳定的化合物；在特定条件下再进行脱氢以供使用需要	甲醇、环烷烃、*N*-乙基咔唑、甲苯、1,2-二氢-1,2-氮杂硼烷	储氢密度高(5.8%～7.29%，质量分数)、安全性较高、运输方便、成本较低	放氢过程耗能大、成本增高

表1-2 常见物理储氢技术分类及特点[34-36]

名称	储氢机理	典型代表	优点	缺点
高压气态储氢	高压下压缩氢气，以高密度气态形式储存	纯钢制金属瓶，钢、铝、塑料内胆纤维复合材料环向缠绕瓶	储氢质量密度大(4.0%～5.7%，质量分数)、成本相对较低、能耗低、释放简单快速	储量小、自重大、安全性要求高、体积储氢密度低
低温液态储氢	低温、常压下将氢气液化后，将液态的氢气装入储存容器	低温、隔热的存储容器	氢气质量密度大(10%，质量分数)，便于大规模、长距离储运，体积占比小	液化设备效率低、能耗大、成本高、经济性差；储存设备成本高，过程易挥发、安全隐患多

续表

名称	储氢机理	典型代表	优点	缺点
地下储氢	在地下盐层中挖一个“容器”进行储氢	中国石化重庆首座加氢站	地下空间充足、氢气储存成本低	对地质要求高、氢气纯度易受影响、材料耐久性要求高
固态材料储氢	纳米材料通过极高的比表面积以及孔隙率，增加对氢气的物理吸附作用	活性炭、碳基纳米材料、MOFs(金属有机骨架材料)、COFs(共价有机框架材料)	储氢质量分数大(最高可达 12%，质量分数)、具有选择吸附性、结构具有可调控性	成本高，难以大量制备，目前还处于实验室研究阶段

1.2.1 三维储氢材料性能研究进展及发展

以物理吸附为主要作用的储氢材料往往为多孔、网状、层状材料，储氢机理是利用材料本身极高比表面积的微孔或介孔，通过范德华力将氢分子吸附在其表面或内部孔洞，所以物理吸附储氢材料在一定的温度和氢气压强下表现出良好的吸/脱氢气的可逆能力。近年来关于改性多孔碳用于储氢的研究取得了很多成果。

（1）多孔炭、碳纳米管

多孔炭由于成本低、比表面积高并且孔结构可控，被认为是具有很大潜力的储氢材料之一。多孔炭的制备方法很多，常用的有软模板法、硬模板法，然而制备过程中模板去除过程能耗大、污染性大，而且得到的产物往往在比表面积和微孔方面无法很好兼得。Li 等[37] 采用聚丙烯腈（PAN）这种廉价的化工原料，制备出比表面积达 2564.6～3048.8m^2/g 的多孔炭材料，含有大量集中分布的微孔（0.7～2.0nm），产物在 20bar（1bar＝10^5Pa）时的氢吸附量为 4.70%～5.94%（质量分数），在 50bar 时吸附量可达 7.15%～10.14%（质量分数），展现出很好的吸氢能力。研究结果表明，在相对高压（>20bar）的条件下，窄深超微孔（<0.7nm）和超微孔（0.7～2.0nm）数量的增多可促进氢分子的吸附作用，从而增加材料的氢吸附量。Hu 等[38] 通过用 Na_2SO_3 和 NaOH 混合水溶液降解部分木质素和半纤维素，将可持续的生物质转化为多孔炭。这种简单有效的策略，通过破坏生物质的结构提供更多的活性位点，产物具有很高的比表面积（2849m^2/g）和较大的孔体积（1.08cm^3/g），孔径分

布几乎完全集中在微孔上。这些结构特性使得产物在 77K 和 1bar 的条件下具有 3.01%（质量分数）的储氢容量，在 298K 和 50bar 条件下的氢吸附量为 0.85%（质量分数）。

碳纳米管本身具有很高的比表面积，其边缘、管壁表面及内部沟槽都可成为氢吸附的活性位点，加之成本低、耐热性和化学稳定性好，因此碳纳米管被认为是作为储氢材料的有力竞争者。Yang 等[39] 采用第一性原理对双掺钛单壁碳纳米管（SWCNTs）的氢吸附性能进行了模拟计算，研究结果表明，产物以掺杂位 Ti 为活性中心，通过 Kubas 作用可以稳定吸附 6 个 H_2 分子，相邻掺杂 Ti 原子之间的电荷差异有助于提高基体的氢吸附能力。双 Ti 位于 SWCNTs 两侧修饰的产物可以稳定吸附 8 个 H_2 分子，理想吸附能可达 0.198eV，而在 Ti 原子内部吸附的 H_2 分子，理想吸附能达到 0.107eV，因此 SWCNTs 是实现高效可逆储氢的理想材料。Li 等[40] 首次将杯状碳纳米管（CSCNTs）经过表面化学修饰后用于储氢，研究结果表明，CSCNTs 是由截短的圆锥形石墨烯层堆积而成的，内外边缘呈完全暴露状态，在 KOH 活化的过程中，顶端的催化剂颗粒可以被完全去除，表层的严重脱落，形成了含丰富缺陷的大量碎片，管壁上也形成了许多纳米尺寸的直洞和穿洞，这些使得材料含有的微孔体积增加了 12 倍，最大氢吸附量较原始的 CSCNTs 增大了 10 倍以上，远远超过了常规同轴型 CNTs 的报道数据。

（2）金属有机框架化合物（MOFs）

MOFs（metal-organicframeworks）也可称为金属-有机骨架化合物，是一种具有较大比表面积和较高表面孔隙率的晶体多孔材料，其化学结构稳定，适合用于氢气储存。MOFs 作为储氢材料还具有良好的可逆性、循环稳定性、快速动力学以及常温低压下可存储氢气的优点[41,42]。图 1-3 为 MOFs 材料发展进程（书后另见彩图）[43]。与传统的储氢方式相比，其储氢质量和储氢密度更大，并且其制备成本也更低。影响 MOFs 储氢性能的主要因素有材料的孔隙率、孔径大小、材料的比表面积以及金属元素的种类等。但是，目前 MOFs 储氢材料仍然有一些无法忽视的缺点，如水热稳定性较差、吸附热量低、工业规模化的过程十分困难等[44]。

随着研究者的不断探索，MOFs 家族涌现出数以万计的新结构，其中将

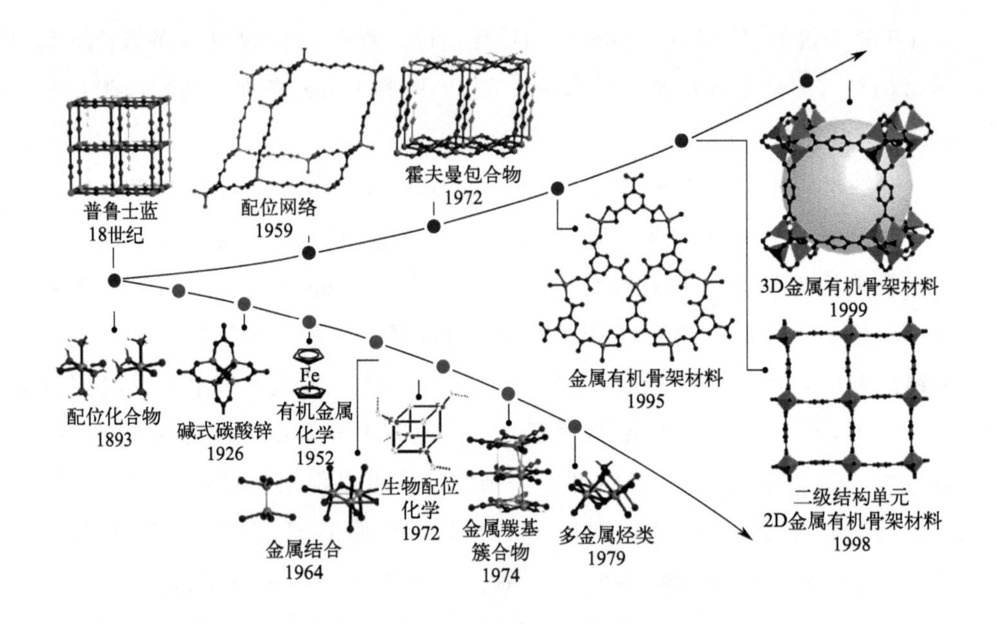

图 1-3 MOFs 材料发展进程图[43]

MOFs 作为储氢材料的研究取得了大量成果。例如 MOF-5、MOF-505、MIL-101 和 UIO-66 在低温下的储氢容量可达 2%～5%（质量分数）[45-48]。新结构钪基 MOF[49]、铁基 MOF（Fe-1,3,5-苯并三唑）[50] 和铍基 MOF（Be-BTB，BTB＝苯-1,3,5-三苯甲酸酯）[51] 的储氢能力分别达到了 4.44%（质量分数）、4.1%（质量分数）和 2.3%（质量分数）。

$Cu_3(BTC)_2$ 是一种三维面心立方双孔晶体（图 1-4），理论比表面积为 1781m^2/g，理论孔容为 0.83cm^3/g，孔道最大直径为 12Å（1Å＝10^{-10}m），含有大量直径约 0.9nm 的方形孔和 0.5nm 的四面体侧孔，由于这些微孔孔径与氢气分子直径相近，结构稳定性强，而且结构内部具有大量的非饱和金属位点，因此该化合物非常适合用于氢气储存[51-54]。有研究报道表明[9]，该化合物经过活化处理后会暴露出更多的未饱和金属活性位点，能够显著增强材料与氢分子之间的范德华力，从而提高材料对氢气的吸附量。

近年来，Khoshhal 等[54] 通过超声波和回流法合成了 Cu-BTC 系列产物，研究发现反应温度和溶剂种类对 MOFs 材料的结构有很大影响，讨论了结构差异对氢吸收性能的影响。结果表明，所得产物中最大的比表面积达 1387m^2/g，室温下的最大储氢量达到了 0.65%（质量分数）。Lin 等[55] 研

图 1-4 $Cu_3(BTC)_2$ 的结构图[51]

究了残留杂质对 $Cu_3(BTC)_2$ 储氢性能的影响。实验所得化合物经焙烧除去杂质后，比表面积达到了 $1055m^2/g$，EXAFS（X 射线吸收精细结构谱）光谱表征结果表明，材料结构中 Cu—O 键的键距为 1.95Å，配位数为 4.2，产物在 303K 和 35bar 时的储氢容量为 0.47%（质量分数），高于 Panella 等[56]报道的 0.35%（质量分数）的研究结果（在温度 298K 和压力 65bar 下）。尽管许多研究通过对 $Cu_3(BTC)_2$ 进行结构调控和表面修饰取得了一些成果，但是如何实现高效的可逆储氢和简单廉价的制备仍然面临挑战。幸运的是，近期的一些研究采用掺杂[53]、氢溢出[53] 和串联[56] 的方式，通过增加结构中不饱和金属位点的数量、吸附位点的数量以及增大结合能，增强材料与氢分子的结合。例如，Tian 等[57] 通过溶胶凝胶法用特定的装置制备了 $Cu_3(BTC)_2$ 单体，Rochat 等[58] 以嵌入式的 MOFs 材料制备了高比表面积聚合物（PIM1），这些都是通过渗透来增加基体的表面积和孔体积，进而提高材料的氢吸附能力。

Jin 等[59] 将天然埃洛石纳米管（HNTs）与金属-有机骨架（MOFs）进行杂交，通过炭化煅烧将 MOFs 转化为炭，获得了产物 HNT-MOF。随后通过引入钯（Pd）纳米粒子，获得了一种新型的三元复合储氢材料 HNT-MOF-Pd。在 25℃和 2.65MPa 条件下，产物的氢吸附量分别为 0.24%（质量分数）和 0.27%（质量分数）。与 Zn 基 MOFs 相比，Al 基 MOFs 材料的比表面积和孔容较大，孔径分布均匀，具有较高的氢吸附能力，经过 Pd 修饰后，在 25℃和 2.65MPa 时的储氢量可达 0.32%（质量分数），这是由于氢分子在表面负载的 Pd 颗粒上发生解离，溢流到基体上，Pd 的负载促进了氢的吸附，提高了复合材料的氢吸附能力。

1.2.2 二维储氢材料性能研究进展及发展

（1）石墨烯

石墨烯是一种由碳原子形成的蜂窝状结构的单层碳原子二维材料，一经问世就激发了科研人员极大的研究热情。石墨烯的高比表面积（2630m^2/g）、高机械强度、良好的导电性、易于裁剪及功能化等优点，使其成为经久不衰的研究热点。氢分子在石墨烯表面以物理吸附的方式结合，虽然其卓越的比表面积非常适合吸放氢气，但是氢分子在石墨烯表面的结合能太小，极大地限制了其在储氢领域的应用[60-64]。对于石墨烯纳米片、碳纳米管和富勒烯等材料，通过碱金属、碱土金属和过渡金属掺杂的方式对其进行改性，可以显著增强基体与氢气的结合能力，达到提高材料储氢能力的目的。理论模拟计算结果表明，石墨烯表面经过过渡金属修饰后可以达到 9%（质量分数）的理想氢吸附量。但是实际实验结果表明，过渡金属、碱金属在石墨烯表面的结合力均小于其自身的内聚力，会快速形成大量的团簇，极大地降低了改善效果[60]。然而如果在石墨烯表面人为制造大量缺陷，或者通过掺杂 N、B 等元素，可以增大基底与表面修饰金属的结合力，形成强有力的锚定作用，从而避免金属颗粒团聚[61-63]。

（2） MXene

MXene 是一种由过渡金属的碳化物、氮化物或者碳氮化物构成的二维材料，一般为几个原子层厚度，表面含有羟基或末端氧，具有很强的金属导电性[65]。最近，Liu 等[66] 采用剥离法合成了二维碳化钒（V_2C）和碳化钛（Ti_3C_2）MXene，并成功引入 MgH_2 中来控制氢的吸脱附。实验讨论了

MXene的不同掺量对 MgH_2 储氢性能的影响，加入10%（质量分数）的MXenes使得 MgH_2 在180℃时即可发生氢脱附，在225℃时60min内的氢气脱附量达到了5.1%（质量分数），300℃时2min内即可解吸5.8%（质量分数）。研究结果表明，MXene的加入降低了 MgH_2 的脱氢反应活化能，提高了循环稳定性，承担了高效催化的作用。另有研究表明，二维层状 Ti_3C_2 的添加可以明显降低 $LiBH_4$ 的脱氢温度，使得脱氢焓大大减小，脱氢速率显著增大，对 $LiBH_4$ 的放氢性能有很好的改善效果[67]。Gencera等[68] 采用第一性原理模拟了Li修饰的Hf基MXene材料（Hf_2CF_2），并对其储氢性能进行了计算，结果表明，负载Li的 Hf_2CF_2 的最大氢吸附量为15个 H_2 分子，吸附能为0.2～0.6eV/H_2，符合国际能源应用要求。

（3）BN化合物

近年来，二维多孔BN化合物以较大的比表面积（2000m^2/g）吸引着人们的关注。Weng等[69] 设计合成了C、O共掺杂的六方BN材料，研究发现掺杂虽然导致材料的比表面积有所降低，但是掺杂改变了材料表面的化学结构以及与氢气之间的亲和力，因此具有比本征BN化合物更高的储氢量，在1MPa和77K条件下可达到2.19%（质量分数），较未掺杂态提高了2～4倍。结果表明，要想提高材料的氢吸附量，除了增大材料的比表面积、增多微孔数量外，提高基体表面与氢分子的结合势能也可以取得很好的改善效果。

1.3 硅基纳米片储氢材料的研究

硅原子和碳原子同为第四主族元素，因此人们大胆尝试推测硅原子也可以按照石墨烯的结构形成新材料，于是一种由硅原子组成的类似于石墨烯结构的单原子二维薄膜硅材料诞生了。与石墨烯一样，硅基薄膜材料也有较大的比表面积和孔隙率，含有大量孔洞，表面含有很多的氢吸附位点，是一种具有潜在价值的储氢材料[70]。

1.3.1 硅基纳米片的储氢性能

石墨烯以独特的蜂巢结构呈周期性排列，一个碳原子与相邻的三个碳原子

之间通过 σ 键相连，多余的价电子成为未成键的 π 电子，为石墨烯带来了卓越的电子特性[71]。Si 原子较之 C 原子，具有相似的价电子结构，但是原子半径更大，电负性更低，因此以 Si 元素周期性蜂巢状排列的硅基纳米片，具有与石墨烯类似但不相同的结构和性能。在石墨烯中，碳与碳之间的化学键主要以 sp^2 形式杂化，键角均为 120°，所有的碳原子都在同一个平面内；而硅基纳米片中的 Si—Si 键则以 sp^3 和 sp^2 杂化混合排列，平面之间形成一定夹角，整体构成一个非共面的低翘曲度结构（图 1-5[70]），而且 Si—Si 键的键能低于 C—C 键，硅原子之间的共价键更长[72]。

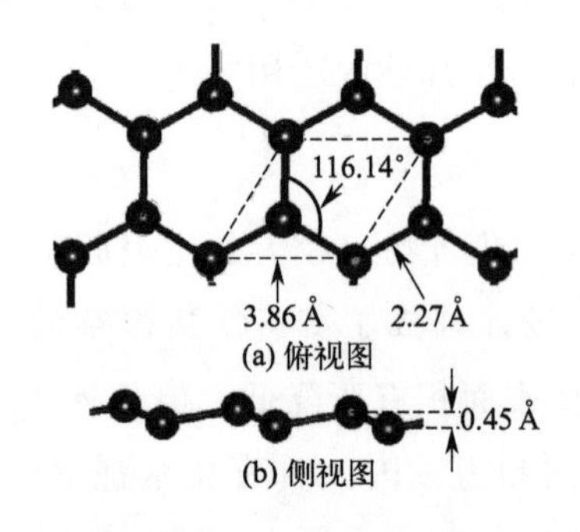

图 1-5　硅基纳米片结构的俯视图与侧视图[70]

硅基纳米片由世界上储量第二大的碳族元素 Si 组成，可以通过合金化、掺杂、功能化和机械应变等方式灵活调控表面结构，在锂离子电池、光学、临床医学、CO_2 甲烷化、电子传导和储氢等方面都有巨大的应用前景[73-82]。硅基纳米片有比表面积大、分子量小等优势，表面丰富的吸附位点具有吸附储存氢气的能力，被认为是潜在的储氢材料。但是实验证明单纯的硅基纳米片储氢能力较弱，远远达不到美国能源部要求的 5.5%（质量分数）的储氢密度[25-27]。但是有研究表明，硅基纳米片表面具有丰富的活性位点，可以与金属原子形成强有力的结合作用，为硅基纳米片的表面修饰提供了先天优势。金属原子修饰硅基纳米片可以实现物理吸附与化学吸附的结合，提高硅基纳米片的储氢性能，是一种具有发展前景的固态储氢材料。

中国科学院物理研究所[83] 首次对氢原子在硅基纳米片上的吸附过程进行

了全面的研究，通过氢在表面的结合得到了理论的半硅烷。研究结果表明，吸附在硅基纳米片上的氢原子具有较低的脱附温度（约450K），说明氢化过程是可逆的，证明了硅基纳米片作为一种储氢材料的潜在价值。Ni课题组[84] 采用第一性原理建立了15种不同金属原子在硅基纳米片上的吸附模型，并对产物的结构、能量和电子性质进行了计算，与金属原子在石墨烯表面的结合能进行了对比。研究发现，Li、Na、K、Ca、Co、Ni、Pd、Pt、Au和Sn在石墨烯表面的结合能均小于本体的内聚能，即在石墨烯的表面易发生团聚现象，无法实现均匀分散，而在硅基纳米片表面的结合能均大于金属本体的内聚能，可以实现均匀分布而不团聚，极大地避免了颗粒团聚对性能的影响，这是硅基纳米片比石墨烯更适用于金属表面修饰的重要特性。其中，碱金属在硅基纳米片上的键合可以达到近似理想的状态，Au和Sn在石墨烯表面的结合能较小，但是在硅基纳米片表面的共价结合却很强。同时，碱土金属Ca原子与硅基纳米片结合时，Ca的3d轨道与基底之间发生杂化作用，部分电荷从Ca转移到硅基纳米片上，与Si原子形成强共价键。金属原子在硅基纳米片表面修饰的理论模型具有很强的结合能和丰富的电子性质，为硅基纳米片的表面功能化提供了实验探索的可能。

王玉生课题组[70] 通过具有长程范德华色散校正的密度泛函理论，研究了碱金属、碱土金属和过渡金属中10种金属原子修饰硅基纳米片的结构，讨论了每种结构的氢吸附能力（图1-6）。研究取得了与文献报道[83] 相同的结论，即当金属原子在硅基纳米片表面修饰时，基底对金属原子的结合能远大于金属原子的内聚能，因此吸附原子在纳米片表面会被牢牢地锚定，而避免颗粒团聚，这是通过金属原子表面修饰提高基底储氢性能的关键性因素。同时，研究还模拟了氢气在硅基纳米片表面的吸附机制，结果表明氢气在Li、Na、K、Mg、Ca、Au等修饰的硅基纳米片表面，通过静电库仑作用发生吸附，结合能较小，属于较强的物理吸附，相比未修饰的基底储氢能力有所提高。而氢在Be、Sc、Ti、V修饰的硅基纳米片表面却是通过Kubas作用进行吸附，属于较弱的化学吸附，结合能大于前组金属原子的吸附结果，尤其对于Na、K、Mg和Ca在硅基纳米片两侧修饰的结构，储氢能力可达7.31%～9.40%（质量分数），这些结果充分表明采用金属修饰的硅基纳米片具有良好的氢吸附能力。

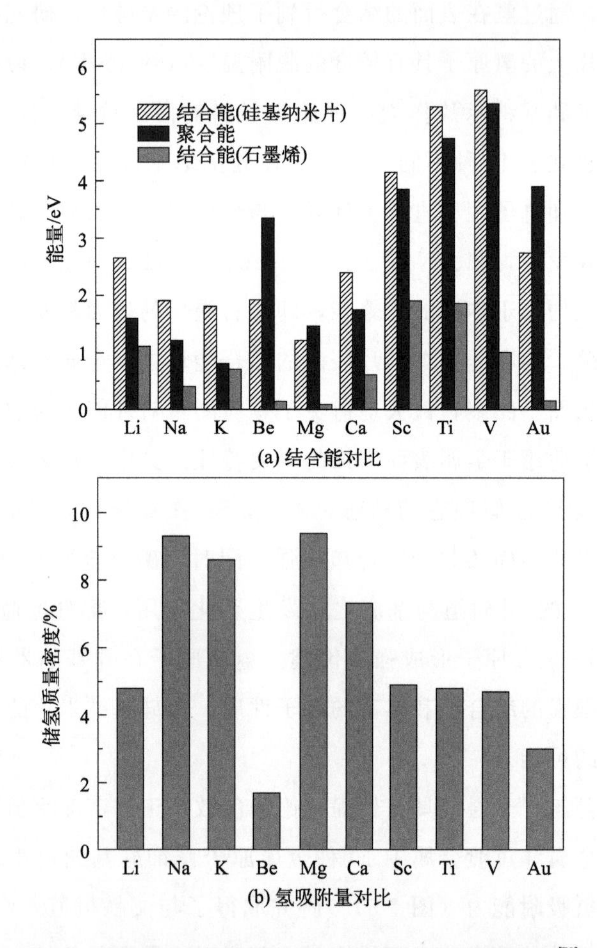

图 1-6 金属原子修饰硅基纳米片的结合能与氢吸附量对比[70]

1.3.2 常见的硅基纳米片制备方法

常见的硅基纳米片制备方法包括分子束外延法、化学气相沉积法、机械剥离法、离子交换辅助液相剥离法、氧化辅助液相剥离法和拓扑化学法。从合成策略的角度可以将这些方法分成两类：一类是自底而上；另一类是自顶而下。

（1）分子束外延法

分子束外延是在恰当的衬底与合适的条件下，沿衬底材料晶轴方向逐层生长薄膜的方法，是一种可以在原子尺寸上精确控制外延薄膜厚度和平整度的制备技术，对表面凹凸度、起伏原子覆盖率等都可以实现精确控制[85]。2012

年，Vost 等在 Ag（111）衬底上成功制备了硅基纳米片之后，大规模的硅基薄膜材料制备研究开始全面爆发[86-95]。通过调整不同衬底和反应条件，人们观察到了各种各样的超晶格结构相。研究发现，界面之间的相互作用使得硅基纳米片片层的翘曲程度发生了改变。中国科学院冯宝杰[85] 在 Ag(111）衬底上也成功制备出了硅基纳米片，结果表明在合适的温度和覆盖率下，可以获得单原子层甚至多原子层的硅薄膜材料。2013 年，Meng 等[96] 在超真空的条件下，成功在 Ir(111）的衬底表面制备出硅基薄膜，并通过电镜观察到了相对完整的晶格结构，相较于 Ag(111）衬底上制备的产物，Ir 衬底上产物的翘曲高度和结合能都比 Ag 衬底上的要高。分子束外延法可以在高度真空环境下制备出未被氧化的硅基片层薄膜，但是制成的产物无法在空气中脱离衬底而单独存在，成为其自身很大的弊端，严重制约了硅基纳米片功能化的进程。

（2）化学气相沉积法

化学气相沉积法也叫 CVD，是一种常用的薄膜制备方法，可以在衬底上生长出纯度高、晶格结构完整的薄膜材料。经过理论和工艺的迅速发展，目前的化学气相沉积法可以制造出各种超薄的二维纳米片[97]。这种方法通常是将衬底置于中高温环境中，或者借助等离子和激光辅助技术，通过前驱体之间的气相化学反应生成固体物质沉积在衬底表面，广泛用于制备各种晶体或无定形态的无机薄膜材料。该方法适用于多种原材料，例如 O、S、N、C 的化合物，第Ⅱ主族至第Ⅵ主族元素之间形成的多元化合物等。该方法对产物的成分和结构可以实现灵活控制，获得的产物种类丰富、纯度高。Nie 等[97] 通过化学气相沉积（CVD）合成了外层受石墨烯保护的“三明治”状硅基复合材料，结构中硅基纳米片被沉积在 Cu 基体上的两层石墨烯包裹，石墨烯既起到基底的作用，又起到保护层的作用，可以帮助硅基纳米片在空气中稳定存在。

（3）机械剥离法

机械剥离法是一种用于制备薄片层状材料较为经典的方法。这种方法最原始的形式是利用胶带的黏性进行撕拉，即利用机械力去打断层与层之间的范德华力，形成厚度很薄的片层材料。一般步骤是，一个层状晶体的新表面被剥离到另一个粘接力很强的表面，根据需要可以反复操作若干次，获得厚度不等的二维纳米片[98]。这种方法的优势在于操作便利，适用范围广，产物结晶较为完整，表面杂质较少，平面尺寸较大。但是同样具有片层厚度无法确定、产率较低、误差较大、缺陷较多等缺点，这些缺点限制了该方法的实际应用。

（4）离子交换辅助液相剥离法

离子交换辅助液相剥离法，顾名思义是通过将离子交换到二维材料的片层中，将物质进行剥离。这种方法一般是将半径较小的阳离子插入层状晶体的空隙中，使得层与层之间的距离显著增加，层间的范德华力减小，之后借助超声、球磨等机械作用进行剥离，获得层状产物。该方法常用于制备超薄二维纳米材料，但持续的机械作用往往导致产物尺寸严重缩小，含有大量结构缺陷[99]。

（5）氧化辅助液相剥离法

氧化辅助液相剥离，以 Hummers 法制备氧化石墨烯为代表，通过强氧化剂将石墨氧化，在层与层之间形成含氧官能团，使得石墨晶体的层间距扩大，削弱了层间的范德华力，然后通过超声处理将石墨剥离成单层的氧化石墨烯纳米片[100]。此类方法中，一般采用浓硫酸、高锰酸钾等强氧化剂，对于某些二维材料会造成腐蚀和破坏，而且操作过程安全风险大，因此在其他二维材料的制备中较少使用。

（6）拓扑化学法

拓扑化学法又叫局部规整反应，产物与反应物结构之间存在关联性，化学反应在保持特定结构的条件下进行，具有结构不变性，包括嵌入反应、脱水反应、同晶置换反应、离子交换反应、氧化还原反应等。最早通过化学反应制备的硅基纳米片，就是从 $CaSi_2$ 中剥离获得的，利用其他离子置换 $CaSi_2$ 中的 Ca^{2+}，然后将置换离子再用其他溶剂洗去，之后便得到纳米层结构的硅烯，这种方法因制备过程操作简单而被广泛使用，如图 1-7 所示（书后另见彩图）[74]。

Zhang 等[73] 采用机械球磨活化后的 Si 粉作硅源，通过锂离子在 Si 结构中的锂化和脱锂过程，获得了长度为 30～100nm、厚度约 2.4nm 的二维硅材料，研究表明，脱锂的溶剂对产物的结构影响很大，进而严重影响材料的储锂

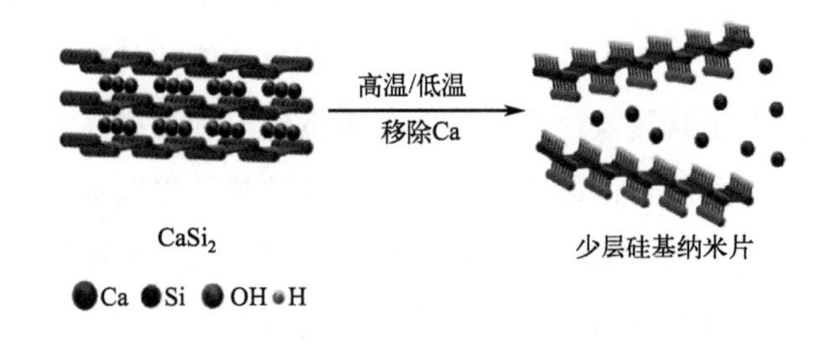

图 1-7　常见的拓扑化学法制备硅基纳米片的反应模型[74]

性能。Gao 等[74] 以 $CaSi_2$ 为原料，利用 HCl 在－20℃的低温条件下反应 1 周，获得了片层厚度约 1μm 的硅纳米片，在超级电容器中表现出高达 4V 的优异电化学性能。Ryan 等[75] 在－30℃的 HCl 水溶液中从 $CaSi_2$ 中制备出硅基纳米片，通过多种表征手段证实了产物的结构和优异的光学性能。Lin 等[76] 以 $CaSi_2$ 为原料，采用 C_2H_3N/CaI_2 通过湿化学剥离法获得了片层分离的硅基纳米片，生物相容性和光学研究结果表明，该二维材料具有独特的物理化学性质、良好的生物相容性和降解性，能在治疗学和诊断成像学等领域发挥很高的临床应用价值。Xu 等[81] 通过控制反应介质和反应条件，以拓扑化学法从原料 $CaSi_2$ 中获得了多层的硅基纳米片，作为阳极材料在锂离子电池中呈现出库仑效率大、放电容量高的良好性能。Liu 等[101] 采用乙腈和 CaI_2 将原料 $CaSi_2$ 中的 $(Si^{2n})^{2n-}$ 层转化为中性的 Si^{2n} 层，促进 Si 叠置层的剥离而不损伤原始结构，获得了厚度为 0.6nm 的超薄单层硅纳米片。该产物在锂离子电池的阳极反应中，放电容量接近理论值，循环稳定性良好。An 等[102] 采用物理真空蒸馏方法，将大块层状硅化钙中的金属钙完全蒸发，获得了高质量的二维硅纳米片，然后与二维 MXene 进行复合，所得产物在锂离子电池循环测试中显示出抑制 Li 枝晶生长的作用，表现出较高的库仑效率和极低的容量衰减性能。

综上所述，拓扑化学法具有过程简单、原料易得、易规模化、产物结构易调控、产品质量高等优势，但是常见的拓扑化学反应过程中，反应温度需要维持在－20～－50℃，而且反应时间较长，有的甚至需要在 HCl 中持续反应 1 周，这些反应条件是非常苛刻的，严重限制了硅基纳米片的应用。因此，设计实验条件温和、反应过程简单、反应设备易搭建且反应效率高的硅基纳米片制备方法，是十分必要的。同时，硅基纳米片表面独特的结构可与金属原子等客体形成强有力的结合，为实现表面功能化的修饰提供了得天独厚的条件，然而关于其储氢性能的研究大多集中于理论模拟方面，实际的实验研究偏少，因此亟须具体的实验数据对理论结果予以验证和改进，需要站在实际应用的角度优化产物结构，设计改性方案，挖掘硅基纳米片潜在的储氢价值，为提供具有优异储氢性能的硅材料奠定基础。

1.4 本书的框架结构、研究方法和技术路线

1.4.1 本书的框架结构

本书以硅基纳米片储氢复合材料的制备及储氢性能为主线，主要介绍了硅基纳米片的制备方法和性能，采用微波辅助法、沉积沉淀法，构建了硅基纳米片与 $Cu_3(BTC)_2$、不同过渡金属、碱金属复合的储氢材料，全面分析了各体系的结构、形貌、物理化学性质、储氢热力学和动力学性能、电化学储氢性能，在电子-分子水平上研究了各种材料的储氢机理和储氢性能，获得了体系详细的动力学和热力学数据，探讨了醇溶剂、复合工艺、电子结构、金属原子结构对复合材料储氢性能的影响机制。本书旨在研究各种不同因素对硅基纳米片储氢性能的影响和性能改善，揭示复合材料结构与储氢性能之间的构效关系。本书具有较强的技术性、针对性和专业性，可供从事储氢技术研究的科研人员和技术人员参考，也可供高等学校化学工程、材料工程、能源工程及相关专业师生参阅。

1.4.2 研究方法和技术路线

本书共分为 6 章，以二维硅材料硅基纳米片（SNS）为研究对象，选择 MOFs 金属框架材料、过渡金属和碱金属，从机制联合、协同催化的角度出发，采用不同的合成策略制备了具有多种结构和沉积特点的 SNS 储氢复合材料，基于材料结构与性能之间的关系，揭示了多种改善 SNS 储氢性能的作用机制，主要研究内容如下：

① 通过选择四种不同溶剂控制反应环境和反应速率，优选出结构疏松、

分散性良好的SNS，阐明了改进的拓扑化学法制备SNS的反应机理，深入讨论了溶剂对产物结构、微观形貌和储氢性能的影响规律，为设计储氢性能良好的复合材料奠定基础。

② 采用微波辅助法将MOFs材料$Cu_3(BTC)_2$与SNS进行原位复合，实现了三维材料包覆二维片层的复合效果；基于MOFs材料的储氢机理，讨论了SNS对材料结构、比表面积、微孔及不饱和金属位点的影响，阐明了SNS改善MOFs储氢性能的作用机理，探索出一种新颖的设计多维度复合材料的思路。

③ 基于Kubas作用和氢溢流机制的协同增效，采用沉积沉淀法，用两种过渡金属Pd、Ni以不同含量对SNS表面进行修饰，讨论了金属沉积量对产物结构、微观形貌、电子结构和储氢性能的影响，取得了与理论模拟结果相同的改善效果，阐明了过渡金属对硅基纳米片储氢性能提升的机理。

④ 以多重机制联合起效为出发点，采用沉积沉淀法，用过渡金属Pd和碱金属Li两种不同结构的金属元素对SNS表面做双重修饰，研究了材料结构、金属吸附位点、微观形貌对Pd-Li/SNS复合材料储氢性能的影响，通过选择跨结构与特性的金属做修饰，揭示了双金属共同起效的改善机制，为其他二维复合材料的设计与制备提供了新思路。

参考文献

[1] 王楠，谢文萱．面向碳中和的京津冀城市群发展路径［J］．企业经济，2021（8）：44-52.

[2] 王昌林，郭丽岩．保持经济运行在合理区间［N］．人民日报，2021-08-24（9）.

[3] 李素梅，崔光华．金融支持低碳经济发展，助力天津实现“碳达峰碳中和”目标［N］．天津日报，2021-08-20（9）.

[4] 中国能源大数据报告（2021）［R］．北京：中电传媒能源情报研究中心，2021.

[5] 王宇．碳达峰和碳中和的国际经验与中国方案［EB/OL］．国家电网．https：//www. sg-pjbg. com/baogao/33865. html，2021：3-33.

[6] 风能专委会CWEA．全球10大煤电国家已有5个承诺碳中和［EB/OL］．国际能源网．https：//www. in-en. com/finance/html/energy-2244473. shtml，2020-11-04.

[7] Newton P W，Rogers B C. Transforming built environments：Towards carbon neutral and blue-green cities［J］. Sustainability，2020，12（11）：4745.

[8] Kingwell R. Agriculture's carbon neutral challenge：The case of western Australia［J］. The Australian Journal of Agricultural and Resource Economics，2021，65（3）：566-595.

[9] Pereda P C，Lucchesi A，Garcia C P，et al. Neutral carbon tax and environmental targets in Brazil［J］. Economic Systems Research，2019，31（1）：70-97.

[10] Odell P，Rauland V，Murcia K. Schools：An untapped opportunity for a carbon neutral future

[J]. Sustainability, 2021, 13 (1): 46.
[11] Yu F, Ho W. Tactics for carbon neutral office buildings in Hong Kong [J]. Journal of Cleaner Production, 2021, 326: 129369.
[12] Tozer L, Klenk N. Urban configurations of carbon neutrality: Insights from the carbon neutral cities alliance [J]. Environment and Planning C: Politics and Space. 2019, 37 (3): 539-557.
[13] Yangka D, Rauland V, Newman P. Carbon neutral policy in action: The case of Bhutan [J]. Climate Policy, 2019, 19 (6): 672-687.
[14] Zou C, Xiong B, Xue H. The role of new energy in carbon neutral [J]. Petroleum Exploration and Development, 2021, 48 (2): 480-491.
[15] Carhart M, Litterman B, Munnings C. Measuring comprehensive carbon prices of national climate policies [J]. Climate Policy, 2022, 22 (2): 198-207.
[16] Matti S, Petersson C, Söderberg C. The Swedish climate policy framework as a means for climate policy integration: An assessment [J]. Climate Policy, 2021, 21 (9): 1146-1158.
[17] 熊华文，符冠云．全球氢能发展的四种典型模式及对我国的启示 [J]. 环境保护，2021，49 (1)：52-55.
[18] 符冠云，熊华文．日本、德国、美国氢能发展模式及其启示 [J]. 宏观经济管理，2020 (6)：84-90.
[19] 魏蔚，陈文晖．日本的氢能发展战略及启示 [J]. 全球化，2020 (2)：60-71，135.
[20] 王彦雨，高璐，刘益东．美国国家氢能计划及其启示 [J]. 未来与发展，2015，39 (12)：22-29.
[21] 中国氢能源及燃料电池产业创新战略联盟．中国氢能源及燃料电池产业白皮书 [M]. 北京：人民日报出版社，2020：17-18.
[22] 氢启未来网．氢能产业发展现状及投资逻辑分析 [EB/OL]. 2021-06-24.
[23] 林春挺．国家电投 100 亿投资落地广东“国家队”加速进军氢能领域 [N]. 第一财经日报，2022-01-14 (A07).
[24] 徐沛宇．从冬奥看氢能未来 [EB/OL]. 新浪科技，2022-02-14.
[25] Zheng J, Liu X, Xu P, et al. Development of high-pressure gaseous hydrogen storage technologies [J]. International Journal of Hydrogen Energy, 2012, 37 (1): 1048-1057.
[26] 陈秋阳，陈云伟．国际氢能发展战略比较分析 [J/OL]. 科学观察：1-12. [2022-02-23]. https://doi.org/10.15978/j.cnki.1673-5668.202202001.
[27] Liu Y, Wu X. Hydrogen and sodium ions co-intercalated vanadium dioxide electrode materials with enhanced zinc ion storage capacity [J]. Nano Energy, 2021, 86: 106124.
[28] Rahwanto A, Ismail I, Nurmalita N, et al. Nanoscale Ni as a catalyst in MgH_2 for hydrogen storage material [J]. Journal of Physics: Conference Series, 2021, 1882 (1): 012010.
[29] Ouyang L Z, Dong H W, Peng C H, et al. A new type of Mg-based metal hydride with promising hydrogen storage properties [J]. International Journal of Hydrogen Energy, 2007, 32 (16): 3929-3935.
[30] Ali N A, Ismail M. Modification of $NaAlH_4$ properties using catalysts for solid-state hydrogen storage: A review [J]. International Journal of Hydrogen Energy, 2021, 46 (1): 766-782.
[31] Sazelee N A, Ismail M. Recent advances in catalyst-enhanced $LiAlH_4$ for solid- state hydrogen storage: A review [J]. International Journal of Hydrogen Energy, 2021, 46 (13): 9123-9141.
[32] Morioka H, Kakizaki K, Chung S C, et al. Reversible hydrogen decomposition of $KAlH_4$ [J]. Journal of Alloys and Compounds, 2003, 353 (1-2): 310-314.
[33] Huang J, Gao M, Li Z, et al. Destabilization of combined $Ca(BH_4)_2$ and $Mg(AlH_4)_2$ for improved hydrogen storage properties [J]. Journal of Alloys and Compounds, 2016, 670: 135-143.
[34] 杨志冠．储氢研究进展概况 [J]. 江西科学，2005 (2)：191-196.
[35] Niaz S, Manzoor T. Hydrogen storage: Materials, methods and perspectives [J]. Renewable and Sustainable Energy Reviews, 2015, 50: 457-469.

[36] 郭浩，杨洪海．固体储氢材料的研究现状及发展趋势［J］．化工新型材料，2016，44（9）：19-21.

[37] Li Y，Xiao Y，Dong H，et al. Polyacrylonitrile-based highly porous carbon materials for exceptional hydrogen storage [J]. International Journal of Hydrogen Energy，2019，44（41）：23210-23215.

[38] Hu W，Li Y，Zheng M，et al. Degradation of biomass components to prepare porous carbon for exceptional hydrogen storage capacity [J]. International Journal of Hydrogen Energy，2021，46（7）：5418-5426.

[39] Yang L，Yu L，Wei H，et al. Hydrogen storage of dual-Ti-doped single-walled carbon nanotubes [J]. International Journal of Hydrogen Energy，2019，44：2960-2975.

[40] Li Y，Liu H，Yang C，et al. The activation and hydrogen storage characteristics of the cup-stacked carbon nanotubes [J]. Diamond & Related Materials，2019，100：107567.

[41] Wang Y，Lan Z，Huang X，et al. Study on catalytic effect and mechanism of MOF（MOF = ZIF-8，ZIF-67，MOF-74）on hydrogen storage properties of magnesium [J]. International Journal of Hydrogen Energy，2019，44（54）：28863-28873.

[42] 贾超，原鲜霞，马紫峰．金属有机骨架化合物（MOFs）作为储氢材料的研究进展［J］．化学进展，2009，21（9）：1954-1962.

[43] Sule R，Mishra A K，Thabo T，et al. Recent advancement in consolidation of MOFs as absorbents for hydrogen storage [J]. International Journal of energy research，2021，45（9）：12481-12499.

[44] Sridhar P，Kaisare N S. A critical analysis of transport models for refueling of MOF-5 based hydrogen adsorption system [J]. Journal of Industrial and Engineering Chemistry，2020，85：170-180.

[45] Suresh K，Aulakh D，Purewal J，et al. Optimizing hydrogen storage in MOFs through engineering of crystal morphology and control of crystal size [J]. Journal of the American Chemical Society，2021，143（28）：10727-10734.

[46] Zheng B，Yun R，Bai J，et al. Expanded porous MOF-505 analogue exhibiting large hydrogen storage capacity and selective carbon dioxide adsorption [J]. Inorganic Chemistry，2013，52：2823-2829.

[47] Zhao Y，Liu F，Tan J，et al. Preparation and hydrogen storage of Pd/MIL-101 nanocomposites [J]. Journal of Alloys and Compounds，2019，772：186-192.

[48] Sonwabo E B，Henrietta W L，Robert M，et al. CoMPaction of a zirconium metal organic framework（UiO-66）for high density hydrogen storage applications [J]. Journal of Materials Chemistry A，2018，6：23569-23577.

[49] Ibarra I A，Yang S，Lin X，et al. Highly porous and robust scandium-based metal-organic frameworks for hydrogen storage [J]. Chemical Communications，2011，47：8304-8306.

[50] Sumida K，Horike S，Kaye S S，et al. Hydrogen storage and carbon dioxide capture in an iron-based sodalite-type metal-organic framework（Fe-BTT）discovered via high throughput methods [J]. Chemical Science，2010，1：184-191.

[51] 蔡洪培．聚酰亚胺和金属有机框架材料 $Cu_3(BTC)_2$ 混合中空纤维膜及其气体吸附分离研究［D］．上海：华东理工大学，2011.

[52] Lim W，Thornton A W，Hill A J，et al. High performance hydrogen storage from Be-BTB metal-organic framework at room temperature [J]. Langmuir，2013，29：8524-8533.

[53] Yang H，Orefuwa S，Goudy A. Study of mechanochemical synthesis in the formation of the metal-organic framework $Cu_3(BTC)_2$ for hydrogen storage [J]. Microporous and Mesoporous Materials，2011，143：37-45.

[54] Khoshhal S，Ghoreyshi A A，Jahanshahi M，et al. Study of the temperature and solvent content

effects on the structure of Cu-BTC metal organic framework for hydrogen storage check for updates [J]. RSC Advances, 2015, 5: 24758-24768.

[55] Lin K S, Adhikari A K, Ku C N, et al. Synthesis and characterization of porous HKUST-1 metal organic frameworks for hydrogen storage [J]. International Journal of Hydrogen Energy, 2012, 37: 13865-13871.

[56] Panella B, Hirscher M, Pütter H, et al. Hydrogen adsorption in metal-organic frameworks: Cu-MOFs and Zn-MOFs coMPared [J]. Advanced Function Materials, 2006, 16: 520-524.

[57] Tian T, Zeng Z, Vulpe D, et al. A sol-gel monolithic metal-organic framework with enhanced methane uptake [J]. Nature Materials, 2018, 17(2): 174-179.

[58] Rochat S, Polak K, Tian M, et al. Hydrogen storage in polymer-based processable microporous composites [J]. Journal of Materials Chemistry A, 2017, 5(35): 18752- 18761.

[59] Jin J, Ouyang J, Yang H. Pd Nanoparticles and MOFs synergistically hybridized halloysite nanotubes for hydrogen storage [J]. Nanoscale Research Letters, 2017, 12: 240.

[60] Sun Q, Wang Q, Jena P, et al. Clustering of Ti on a C_{60} surface and its effect on hydrogen storage [J]. Journal of the American Chemical Society, 2005, 127: 14582- 14583.

[61] Chen M, Yang X, Cui J, et al. Stability of transition metals on Mg (0001) surfaces and their effects on hydrogen adsorption [J]. International Journal of Hydrogen Energy, 2012, 37: 309-317.

[62] Chen I, Wu S, Chen H. Hydrogen storage in N-and B-doped graphene decorated by small platinum clus-ters: A computational study [J]. Applied Surface Science, 2018, 441: 607-612.

[63] Wang L, Yang R. Hydrogen storage properties of N-doped microporous carbon [J]. The Journal of Chemical Physics, 2009, 113 (52): 21883-21888.

[64] Jain V, Kandasubramanian B. Functionalized graphene materials for hydrogen storage [J]. Journal of Materials Science, 2020, 55: 1865-1903.

[65] Harris K J. Direct measurement of surface termination groups and their connectivity in the 2D MXene V_2CT_x using NMR spectroscopy [J]. Journal of Physical Chemistry C, 2015, 119: 13713-13720.

[66] Liu H, Lu C, Wang X, et al. Combinations of V_2C and Ti_3C_2 MXenes for boosting the hydrogen storage performances of MgH_2 [J]. ACS Applied Materials & Interfaces, 2021, 13: 13235-13247.

[67] Fan Y, Chen D, Liu X, et al. Improving the hydrogen storage performance of lithium borohydride by Ti_3C_2 MXene [J]. International Journal of Hydrogen Energy, 2019, 44 (55): 29297-29303.

[68] Gencera A, Aydinb S, Surucu O, et al. Enhanced hydrogen storage of a functional material: Hf_2CF_2 MXene with Li decoration [J]. Applied Surface Science, 2021, 551: 149484.

[69] Weng Q, Zeng L, Chen Z, et al. Hydrogen storage in carbon and oxygen Co-doped porous boron nitrides [J]. Advanced Functional Materials, 2021, 31 (4): 2007381.

[70] 王玉生．储氢材料：纳米储氢材料的理论研究 [M]. 北京：中国水利水电出版社，2015.

[71] Yu W, Li S, Yang H, et al. Progress in the functional modification of graphene /graphene oxide: A review [J]. RSC Advances, 2020, 10: 15328-15345.

[72] Molle A, Carlo G, Tao L, et al. Silicene, silicene derivatives, and their device applications [J]. Chemical Society Reviews, 2018, 47: 6370-6387.

[73] Zhang W, Sun L, Nsanzimana J M V. Lithiation/Delithiation synthesis of few layer silicene nanosheets for rechargeable $Li\text{-}O_2$ batteries [J]. Advanced Materials, 2018, 30: 1705523.

[74] Gao R, Tang J, Yu X. Layered silicon-based nanosheets as electrode for 4V high-performance supercapacitor [J]. Advanced Functional Materials, 2020, 30: 2002200.

[75] Ryan B J, Hanrahan M P, Wang Y. Silicene, siloxene, or silicane? Revealing the structure and

optical properties of silicon nanosheets derived from calcium disilicide [J]. Chemical Materials, 2020, 32 (2): 795-804.

[76] Lin H, Qiu W, Liu J. Silicene: Wet-chemical exfoliation synthesis and biodegradable tumor nanomedicine [J]. Advanced Materials, 2019, 31: 1903013.

[77] Yan X, Sun W, Fan L, et al. Nickel@Siloxene catalytic nanosheets for high performance CO_2 methanation [J]. Nature Communications, 2019, 10: 2608.

[78] Kim B, Park M, Kim G, et al. Indirect-to-direct band gap transition of Si nanosheets: Effect of biaxial strain [J]. The Journal of Chemical Physics, 2018, 122 (27): 15297- 15303.

[79] Wei W, Dai Y, Huang B. From silicene to half-silicane by hydrogenation [J]. ACS Nano, 2015, 9: 11192-11199.

[80] Wei W, Dai Y, Huang B. Hydrogenation of silicene on Ag (111) and formation of half-silicane [J]. Journal of Materials Chemistry A, 2017, 5: 18128-18137.

[81] Xu K, Ben L, Li H. Silicon-based nanosheets synthesized by a topochemical reaction for use as anodes for lithium ion batteries [J]. Nano Research, 2015, 8: 2654-2662.

[82] Wang Y, Zheng R, Gao H, et al. Metal adatoms-decorated silicene as hydrogen storage media [J]. International Journal of Hydrogen Energy, 2014, 39: 14027-14032.

[83] 李帅，邱静岚，陈岚，等. 硅烯表面的氢吸附 [J]. 科学通报，2015，60 (Z2)：2719- 2725.

[84] Lin X, Ni J. Much stronger binding of metal adatoms to silicene than to graphene: A first-principles study [J]. Physical Review B, 2012, 86 (7): 075440.

[85] 冯宝杰. SNS的分子束外延生长及电子性质研究 [D]. 北京：中国科学院大学，2014.

[86] Cheng J, Chan M K Y, Lilley C M. Enabling direct silicene integration in electronics: First principles study of silicene on $NiSi_2$ (111) [J]. Applied Physics Letters, 2016, 106: 133111.

[87] Solonenko D, Dzhagan V, Cahangirov S, et al. Hydrogen-induced sp^2-sp^3 rehybridization in epitaxial silicene [J]. Physical Review B, 2017, 96: 235423.

[88] Wei W, Dai Y, Huang B. Hybridization effects between silicene/silicene oxides and Ag (111) [J]. Journal of Physical Chemistry C, 2016, 120 (36): 20192-20198.

[89] Soria F A, Patrito E M. How to avoid the oxidation of silicene/Ag (111)? Reaction mechanisms of O_2 with chlorinated silicene [J]. Journal of Physical Chemistry C, 2020, 124 (13): 7327-7333.

[90] Zhuang J, Xu X, Feng H, et al. Honeycomb silicon: A review of silicene [J]. Science Bulletin, 2015, 60 (18): 1551-1562.

[91] Yu T, Lu Y. Intervalley scattering in GaAs (111) -supported silicene [J]. Physical Chemistry Chemical Physics, 2020, 22 (45): 26402-26409.

[92] Nazzari D, Genser J, Ritter V, et al. Highly biaxially strained silicene on Au (111) [J]. Cite this: Journal of Physical Chemistry C, 2021, 125 (18): 9973-9980.

[93] Stepniak D A, Krawiec M. Formation of silicene on ultrathin Pb (111) films [J]. Journal of Physical Chemistry C, 2019, 123 (27): 17019-17025.

[94] Medina D B, Salomon E, Lay G Le, et al. Hydrogenation of silicene films grown on Ag (111) [J]. Journal of Electron Spectroscopy and Related Phenomena, 2017, 219: 57-62.

[95] Osborne D A, Morishita T, Tawfik S A, et al. Adsorption of toxic gases on silicene/Ag (111) [J]. Physical Chemistry Chemical Physics, 2019, 21: 17521-17537.

[96] Meng Lei, Wang Yeliang, Zhang Lizhi, et al. Buckled silicene formation on Ir (111) [J]. Nano Letters, 2013, 13 (2): 685-690.

[97] Nie Y, Kashtanov S, Dong H, Stable silicene wrapped by graphene in air [J]. ACS Applied Materials & Interfaces, 2020, 12 (36): 40620-40628.

[98] Novoselov K S, Jiang D, Schedin F, et al. Proceedings of the national academy of sciences of the united states of america [J]. Two-dimensional Atomic Crystals, 2005, 102 (30): 10451-10453.

[99] Omomo Y, Sasaki T, Wang L, et al. Redoxable nanosheet crystallites of MnO_2 derived via delamination of a layered manganese oxide [J]. Journal of the American Chemical Society, 2003, 125 (12): 3568-3575.

[100] Sasha S, Dmitriy A Dikin, Richard D Piner, et al. Synthesis of graphene-based nanosheets via chemical reduction of exfoliated graphite oxide [J]. Carbon, 2007, 45 (7): 1558-1565.

[101] Liu J, Yang Y, Lyu P. Few-layer silicene nanosheets with superior lithium-storage properties [J]. Advanced Communication, 2018, 30 (26): 1800838.

[102] An Y, Tian Y, Wei C, et al. Scalable and physical synthesis of 2D silicon from bulk layered alloy for lithium-ion batteries and lithium metal batteries [J]. ASC Nano, 2019, 13: 13690-13701.

第2章

硅基纳米片的制备及储氢性能研究

硅基纳米片（SNS）是一种层状的豆荚状的纳米结构，由空穴和硅原子单层排列的硅纳米片组成。相比于石墨烯中只有 sp^2 杂化的C原子，硅基纳米片中同时存在 sp^2 和 sp^3 杂化的 Si 原子，是一种具有潜在价值的储氢材料[1-3]。在 SNS 中，由于硅悬空键的存在，SNS 的边缘容易吸附氢原子，表面 π 电子极易被外来原子的吸附破坏，并与吸附质紧密相连[1,4]。在过去的几年里，大量的研究都在努力提高 SNS 的储氢性能。Wang 等[5] 已经在 Ag 衬底上通过实验证实了氢化的半硅烷结构。Wu 等[6] 提出垂直电场可以降低氢在硅上的解离吸附势垒，并通过密度泛函理论进行了验证。根据已报道的第一性原理计算结果，SNS 边缘的氢吸附具有良好的结合能，这是由于氢与硅之间存在显著的共价键，有助于 SNS 表面氢吸附的稳定[7]。此外，非均质纳米结构中缺陷纳米结构域的存在也会增加 SNS 表面吸附的 H_2 分子的结合能[8]。

SNS 通常可以采用以下方法制备：蚀刻和剥离、化学气相沉积、模板定向合成（TDS）和拓扑化学反应等[9-11]。然而，每种方法都有其自身的缺点，如工艺复杂、反应时间长、反应条件苛刻（高温或低温和/或高真空）、成本高、毒性高、易燃性大、生产率低[8-10]，限制了二维 Si 纳米材料的大规模生产。拓扑化学法是一种相对简单的大批量生产方法，通过层状 $CaSi_2$ 中 Ca 层的脱除，实现了产物高质量、高收率和基材独立性[12-15]。然而，典型的拓扑化学法采用 $CaSi_2$ 和 HCl 在－20～－50℃的温度范围内需要一周的反应时间，温度条件苛刻，过程十分耗时，而且合成的 SNS 在低温下容易氧化，减少了活性位点和空间，不利于气体吸附[16-24]。

在本章内容中，我们提出了一种改进的 SNS 拓扑化学合成方法，即用甲醇（methanol，MT）、乙醇（ethanol，EA）、异丙醇（isopropanol，IPA）、乙二醇（ethanediol，EG）四种醇溶剂为反应提供氧化性强弱不同的反应环境，在 60℃的水浴条件下，从层状母材 $CaSi_2$ 中将 Ca^{2+} 完全脱除，并且保证原始硅层不被破坏，制备出片层疏松、厚度很薄的二维 SNS。系统考察了反应介质氧化性的强弱对产物结构、形貌和储氢性能的影响，讨论了反应介质对 SNS 储氢性能的影响机制，确定了具有最佳结构和储氢性能的 SNS 的反应条件。

2.1 硅基纳米片的制备

2.1.1 实验原料及仪器设备

本章采用的原料、试剂和实验仪器分别列于表 2-1 和表 2-2。

表 2-1 实验原料和试剂

原料及试剂	化学式及简称	规格型号	生产厂商
硅化钙	$CaSi_2$	分析纯	Sigma-Aldrich
无水氯化亚锡	$SnCl_2$	分析纯	Adamas-beta
十二烷基硫酸钠	$C_{12}H_{25}SO_4Na$(SDS)	分析纯	Adamas-beta
十二烷基苯磺酸钠	$C_{18}H_{29}SO_3Na$(SDBS)	分析纯	Adamas-beta
无水甲醇	CH_3OH	分析纯	天津市天力化学试剂有限公司
无水乙醇	CH_3CH_2OH	分析纯	天津市光复科技发展有限公司
异丙醇	$(CH_3)_2CHOH$	分析纯	天津市天力化学试剂有限公司
乙二醇	$HOCH_2CH_2OH$	分析纯	天津市风船化学试剂科技有限公司
氢氧化钠(粒)	NaOH	分析纯	上海麦克林生化科技有限公司
盐酸	HCl	分析纯	西陇科学股份有限公司
二氧化碳	CO_2	高纯气体	太原市泰能气体有限公司
氢气	H_2	高纯气体	太原市泰能气体有限公司

表 2-2 实验仪器

仪器设备	型号	生产厂家
磁力搅拌器	RCT digital	德国 IKA 仪器设备有限公司
电子天平	FA2004B	上海菁海仪器有限公司
循环水真空泵	SHZ-DⅢ	郑州市亚荣仪器有限公司
实验室超纯水器	WSN-C10-VF	长沙沃恩环保科技有限公司
数控超声波清洗器	KH3200DE	昆山市禾创超声仪器有限公司
数显恒温水浴锅	HH-2	常州润华电器有限公司
真空干燥箱	DZF-6055	上海一恒科技仪器有限公司
鼓风干燥箱	DHG-9145A	上海一恒科技仪器有限公司
超临界反应釜	HT-50GJ-DB	上海霍桐实验仪器有限公司

2.1.2 制备工艺

图 2-1 为采用改进的拓扑化学法制备表面官能团可调控的 SNS 的工艺流程（书后另见彩图）。首先，$SnCl_2$ 与 $CaSi_2$ 在甲醇、乙醇、异丙醇和乙二醇四种不同溶剂环境下分别通过置换反应将 Ca^{2+} 置换出来，然后采用 HCl 将 Sn^{2+} 脱出，得到新鲜的 SNS，反应环境中醇溶剂提供的官能团迅速将 SNS 片层表面功能化，得到结构稳定的、分散性良好的硅基纳米片。

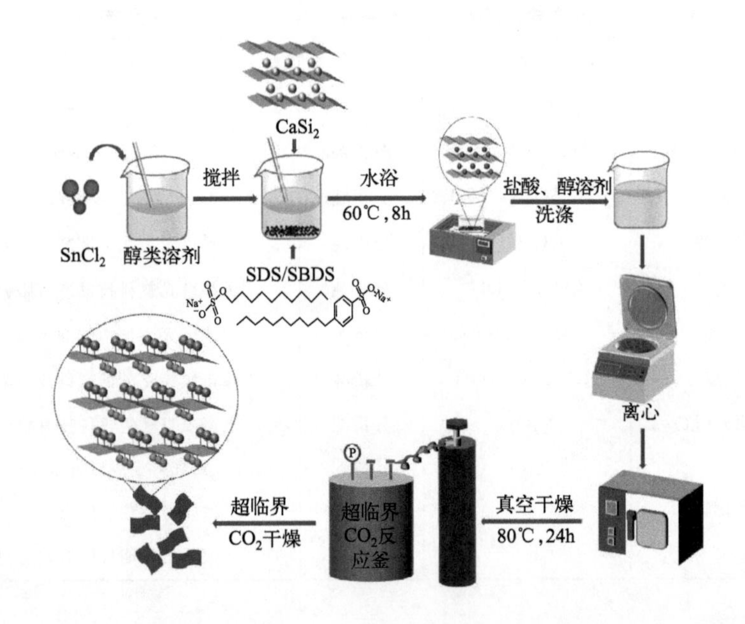

图 2-1 改进的拓扑化学法制备硅基纳米片的工艺流程

具体制备工艺如下。

（1）硅化钙的纯化

称量 1.2g $CaSi_2$ 加入 50mL 浓度为 2mol/L 的 NaOH 溶液中，搅拌 3min 后静置 10min。用去离子水将浸泡的 $CaSi_2$ 清洗干净，抽滤并放入鼓风干燥箱中于 60℃下干燥 1h。干燥结束后取出备用。

（2） SNS 的制备

用量筒量取 60mL 醇溶剂（以甲醇为例）倒入烧杯中，称取 1.137g $SnCl_2$

加入烧杯中，搅拌至 $SnCl_2$ 完全溶解，称取 0.2g 纯化好的 $CaSi_2$ 加入 $SnCl_2$ 的醇溶液中，再称取少量表面活性剂（SDS/SDBS）加入烧杯，搅拌 3min，然后置于 60℃的恒温水浴锅中反应 8～24h（不同溶剂反应时间不同）。

反应结束后，将反应产物用甲醇离心洗涤 3 次，再加入含不同质量分数（1%、3%、5%）HCl 的甲醇溶液离心洗涤 3 次。将洗涤完成的样品抽滤，于 80℃下真空干燥 24h，得到分散良好的 SNS。

实验采用甲醇、乙醇、异丙醇、乙二醇四种试剂作为反应溶剂，实验方法均按上述操作步骤进行，得到的产物分别记作 MT-SNS、EA-SNS、IPA-SNS 和 EG-SNS。

（3）超临界二氧化碳干燥

将 SNS 放入超临界 CO_2 反应釜中，安装并确保密封性良好，连接气路、循环水，进行油浴循环升温，超临界干燥 4h，然后排气泄压。待反应釜降至常压时，将样品取出进行后续表征和气体吸附测试。

2.1.3 材料结构表征及性能测试

（1） X 射线衍射分析（XRD）

采用 SHIMADZU XRD-6000 型 X 射线衍射仪（岛津，日本）测定样品的成分和组成，选用 Cu 靶材，Kα 射线（λ=1.5406Å），工作电压和电流分别为 40kV 和 30mA，在 5°～80°的扫描范围内进行连续扫描，扫描速度为 6(°)/min，测试所得结果通过 Jade 软件分析。

（2）扫描电子显微镜分析测试（SEM）

采用 JSM-7200F 型扫描电子显微镜（JEOL Ltd，日本）观察样品的微观形貌，结合 Thermo SYSTEM7X 射线能谱仪（EDS，NORAN，美国），对原料和样品的成分进行测试。样品选用 MicroHezao GVC 喷金仪（禾早，中国上海）进行喷金处理。

（3）透射电子显微镜分析表征（HRTEM）

采用 Tecnai G2F20 场发射高分辨投射扫描电子显微镜（FEI，美国）对样品的形貌和厚度进行分析和表征。实验选择 15～20nm 微栅支持膜搭载样品观察。

（4） X 射线光电子能谱分析（XPS）

选用 Escalab 250Xi 型 X 射线光电子能谱分析仪（赛默飞，美国）对样品的元素组成和价态进行分析表征。

（5） BET 比表面积测定分析（BET）

采用 ASAP 2020 型物理吸附仪（Micromeritics，美国）在液氮温度（77K）下测定样品的比表面积，通过吸脱附曲线考察样品的孔径分布。

（6）傅里叶变换红外光谱分析（FT-IR）

采用 Nicolet iS50 型红外光谱测试仪（Thermo，日本）对样品表面官能团进行分析测定，扫描范围为 500～4000cm^{-1}。测试前，粉末样品采用 KBr 压片制样。

（7）拉曼光谱分析（Raman）

采用 InVia-Qontor 型拉曼光谱测试仪（Renishaw，英国）对样品成分进行表征分析，通过 Ar 激光测试，波长 532nm。

（8）原子力显微镜分析（AFM）

采用 Dimension Icon 型原子力显微镜（Bruker，德国）对样品形貌、片层厚度和表面粗糙度进行表征分析。

（9）高压气体吸附测试

在样品充分活化（273K，1MPa）后，使用 Setaram PCTPro-2000 型 sievert 型高压气体吸脱附仪（SETARAM，法国）测量样品在不同温度（77K、273K、293K）下的压力-组成-温度（PCT）曲线、动力学性能和循环稳定性。

（10）样品颗粒尺寸测定

采用 Mastersizer 3000 型激光粒度仪（马尔文，英国）对所得样品储氢测试前和储氢测试后的颗粒尺寸进行测定。

2.2 硅基纳米片的表征与分析讨论

2.2.1 硅基纳米片的形貌分析

$CaSi_2$ 中存在两种离子，即金属阳离子 Ca^{2+} 和电负性聚阴离子 $(Si^-)_n$，硅原子规则排列形成层状结构，层与层之间被 Ca^{2+} 连接形成稳定结构，见图 2-2(a)。在反应过程中，Sn^{2+} 插入硅原子层之间，将 Ca^{2+} 置换出来，形成如图 2-2(b) 所示的豆荚样结构，该结构与之前报道的研究结果相同。本章在此基础上，通过选择甲醇、乙醇、异丙醇和乙二醇四种不同醇溶剂，为反应提供氧化程度不同的环境，制备出了成分不同、分散程度有明显差异的硅基纳米片。

(a) 原料$CaSi_2$的SEM图

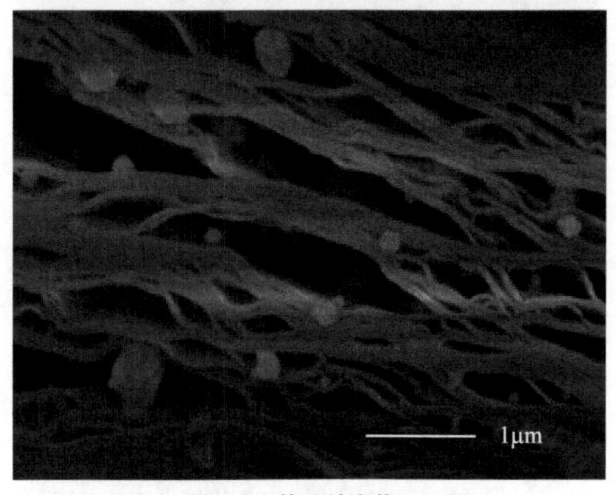

(b) 插入Sn^{2+}的硅纳米片SEM图

图 2-2　原料 $CaSi_2$ 和插入 Sn^{2+} 的硅纳米片 SEM 图

图 2-3 是不同醇溶剂制备的硅基纳米片的 SEM 图谱（书后另见彩图）。由图 2-3(a)、(b) 可以看出，甲醇制备的 MT-SNS 呈现出很多分散的薄层，呈书页状，单片层厚度很薄，分散性良好。图 2-3(b) 放大展示的单片层薄如蝉翼，隐约可以看到下面的其他片层，呈半透明状。图 2-3(c)、(d) 为乙醇和异

丙醇制备的 SNS，从中可以看出乙醇制备的 EA-SNS 与 MT-SNS 相比，厚度比较大，而且分散性不好，异丙醇制备的 IPA-SNS 分散性更差，厚度也更大。图 2-3(e) 为乙二醇制备的 EG-SNS，可以看出乙二醇无法将 $CaSi_2$ 进行很好的分散，样品虽然有一些分层的趋势和界面，但是仍呈现一个整体的块状，结构几乎完全没有打开。图 2-3(f) 为 MT-SNS 与同质量的原料 $CaSi_2$ 的对比照片，可以看出，原料 $CaSi_2$ 为铅灰色粉末，具有金属光泽，而 SNS 为黄绿色粉末，颗粒十分细小，质量非常轻，非常容易在样品管中飘起来，这点从样品管壁上附着的产物可见一斑，粒度在几微米到几十微米不等，该结论在后续的比表面积及孔径测试中被进一步证明。两个样品管中的样品质量均为 0.2g，但是 SNS 的体积是原料 $CaSi_2$ 的 4～5 倍，这更加充分地说明甲醇制备的 SNS 片层之间间距很大，空隙体积很大，片层分散性非常好。

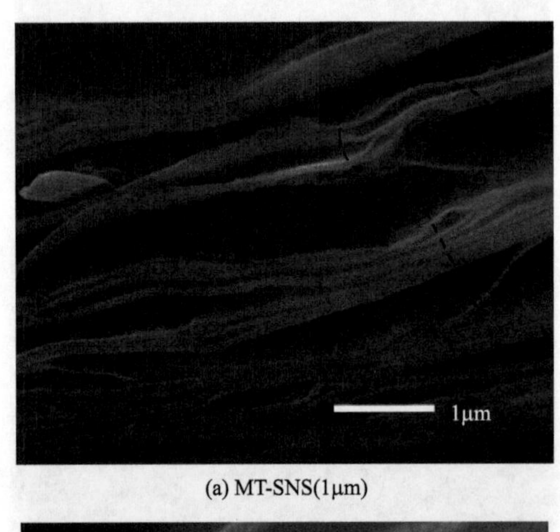

(a) MT-SNS(1μm)

(b) MT-SNS(100nm)

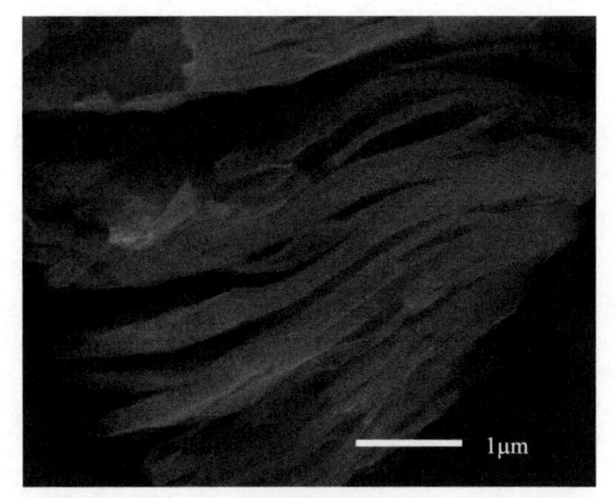

(c) EA-SNS

(d) IPA-SNS

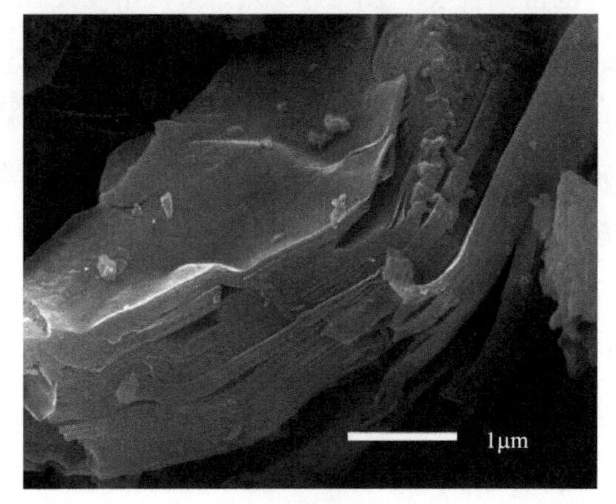

(e) EG-SNS

图 2-3

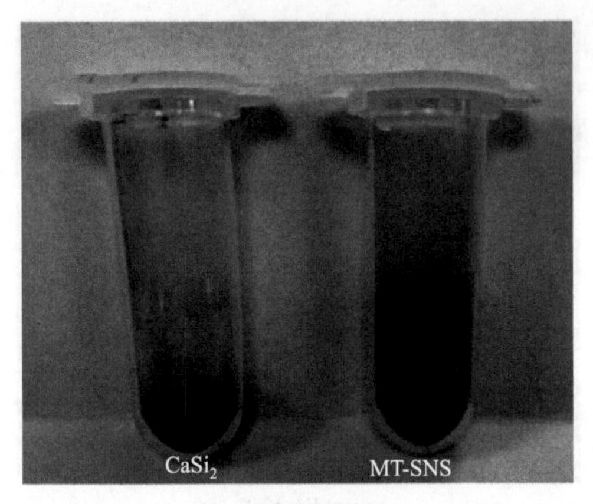

(f) $CaSi_2$与MT-SNS

图 2-3 不同醇溶剂制备的硅基纳米片的 SEM 图以及 $CaSi_2$ 与 MT-SNS 对比图

不同醇溶剂制备的 SNS 的透射电镜扫描图像如图 2-4 所示。从图 2-4(a)、(b) 中可以看出，MT-SNS 具有很好的分散性，硅原子层之间的离子被完全剥去，硅基纳米片整体结构疏松，层之间松散度很高，像一个打开的手风琴，单片层非常薄。图 2-4(b) 高倍率图像呈现的单个片层薄如蝉翼，透明度很高，更好地证明了图 2-3 中 SEM 的测试结果。MT-SNS 中没有检测到 Si 的晶格，说明产物中 Si 以非晶态形式存在，呈现长程无序的状态，该结论在后续的 XRD 测试结果中也得到证实。图 2-4(c)、(d) 中 EA-SNS 的分散性略差，虽然片层之间出现了分层界面和空隙，但是整体仍然堆垛在一起，并没有很好地分开。图 2-4(d) 高倍率 TEM 图像中显示出部分 Si 的晶格，经测量晶面间距为 0.312nm，与 Si(111) 平面[25] 一致，说明该产物中存在部分晶体 Si，表明产物中 Si 原子片层堆叠在一起，没有呈现分散状态。异丙醇制备的 IPA-SNS 的 TEM 图见图 2-4(e)、(f)，产物整体呈一个完整的块状，几乎没有出现分层和空隙，内部多处黑色的部分全部为 Si 的晶体单质，这一点在后续的 XRD 测试结果中也得到了证实，表明异丙醇无法将 Si 原子层分散，片层完全聚合在一起，该结果与之前报道的研究结果一致[26]。乙二醇制备的产物 EG-SNS [图 2-4(g)、(h)] 与 IPA-SNS 形貌类似，保持没有任何分层和空隙的完整块体，但是 Si 单质的比例略小一些，说明乙二醇减少 Si 原子层堆叠的作用略好于异丙醇，但是样品的整体疏松度和分散性仍较差。

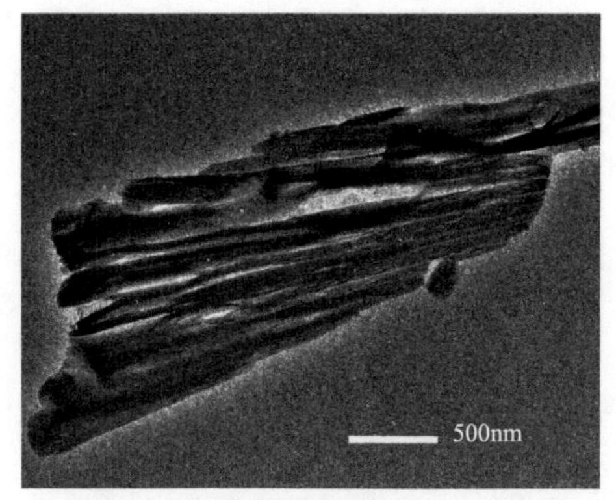

(a) MT-SNS(500nm)

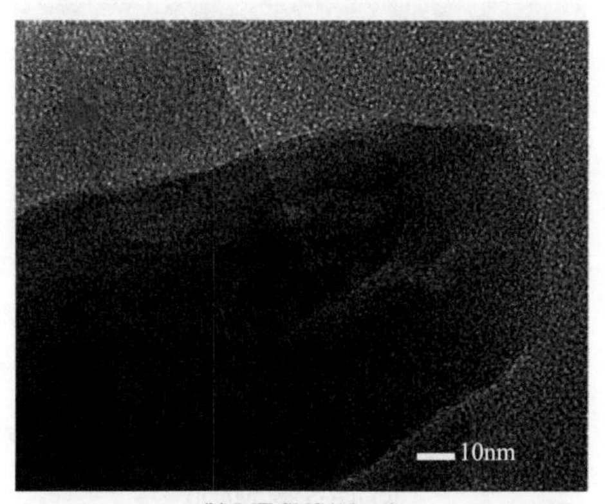

(b) MT-SNS(10nm)

(c) EA-SNS(500nm)

图 2-4

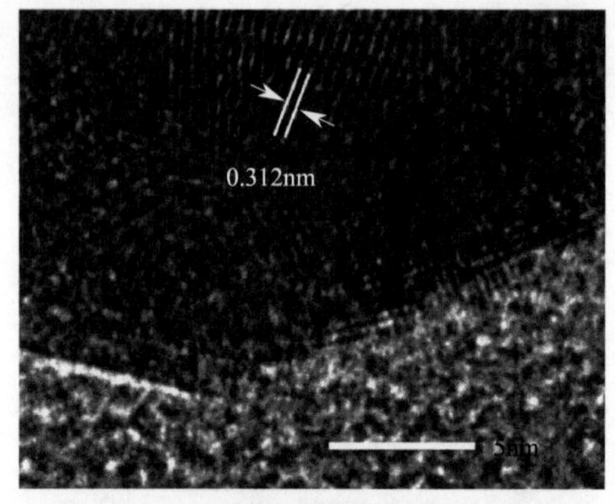

(d) EA-SNS(5nm)

(e) IPA-SNS(500nm)

(f) IPA-SNS(10nm)

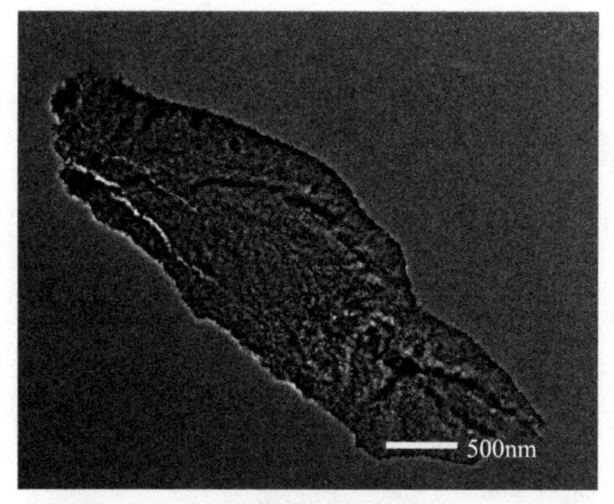

(g) EG-SNS(500nm)

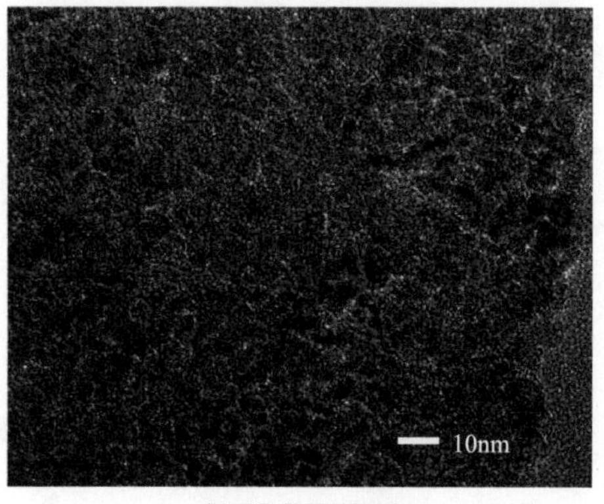

(h) EG-SNS(10nm)

图 2-4　不同醇溶剂制备的硅基纳米片的 TEM 图

采用原子力显微镜对 MT-SNS 的表面形貌、片层厚度和表面粗糙度进行分析表征，如图 2-5 所示（书后另见彩图）。在该 SNS 片层上选择三个位置进行数据分析，位置如图 2-5(b) 所示。由测试点 1 和 2 处的分析得知，单片层的厚度为 1～2nm，其中在点 1 处测得的最薄片层厚度约为 0.9nm，与之前报道的最薄厚度 0.6nm 的数值接近，更充分说明以甲醇为溶剂的拓扑化学法可以得到片层很薄的 SNS。为了更准确地测量片层的平均厚度，选择测试点 3 处的四层堆叠结构进行分析。经测算，四个片层堆叠的厚度约为 9.52nm，单层的平均厚度为 2.38nm，与点 1 处测量值之间的差距表明层与层之间具有很大的间距，每个层之间呈分散状，没有发生堆叠，进一步证实了 SEM 和 TEM 图像中产物良好的分散性。

(a) 整体形貌图

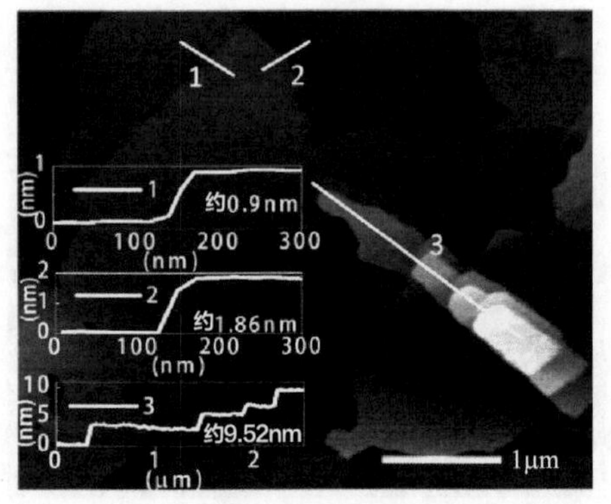

(b) 厚度测试

图 2-5 MT-SNS 的 AFM 图像

2.2.2 硅基纳米片的成分分析

图 2-6 为原料 $CaSi_2$ 和由四种不同醇溶剂制备的 SNS 的 XRD 谱图。从图 2-6(a) 中可以看出，原料中除了含有主要成分 $CaSi_2$ 外还含有一些杂质 Si 和 $FeSi_2$。这是因为在 $CaSi_2$ 的生产过程中，通常采用单质硅与钙直接熔融制得纯度较高的硅化钙，或者用纯 CaO 和硅与适当的助熔剂 CaF_2 和 $CaCl_2$ 混合，在 1400℃下熔融制取 $CaSi_2$，这样制得的 $CaSi_2$ 中混有大量的硅单质。这些单质硅在后续的纯化过程中可以去除。而 $FeSi_2$ 是其中无法去除的一种杂质，但因其含量很低，而且在后期的反应以及测试中保持惰性，因此对产物不会产生

影响。图 2-6(b) 为四种 SNS 产物的 XRD 谱图。可以看出，四种产物的漫散射峰均出现在 20°～30°处，但强度不同，其中 MT-SNS 的漫散射峰最为明显，没有出现晶体衍射峰。另外三种产物出现了不同的晶体衍射峰，其中 EA-SNS 中出现了 Sn 单质的衍射峰，说明 Sn^{2+} 没有被 HCl 完全去除。IPA-SNS 和 EG-SNS 中则显示出 Si 单质、$FeSi_2$ 和部分 $CaSi_2$ 的衍射特征峰，说明以异丙醇、乙二醇为溶剂的反应体系无法保证 $CaSi_2$ 完全反应，同时 SNS 在这两种体系中无法保持片层分散，产物中出现块状的 Si 单质，这与前述 SEM、TEM 的分析结果相同，产物成分与以往的研究报道结果基本一致[25-27]。各元素分布从图 2-7（书后另见彩图）原料 $CaSi_2$ 的 EDS（能谱分析）图中可以得到证实，其中 C 元素来自测试过程中的导电胶。

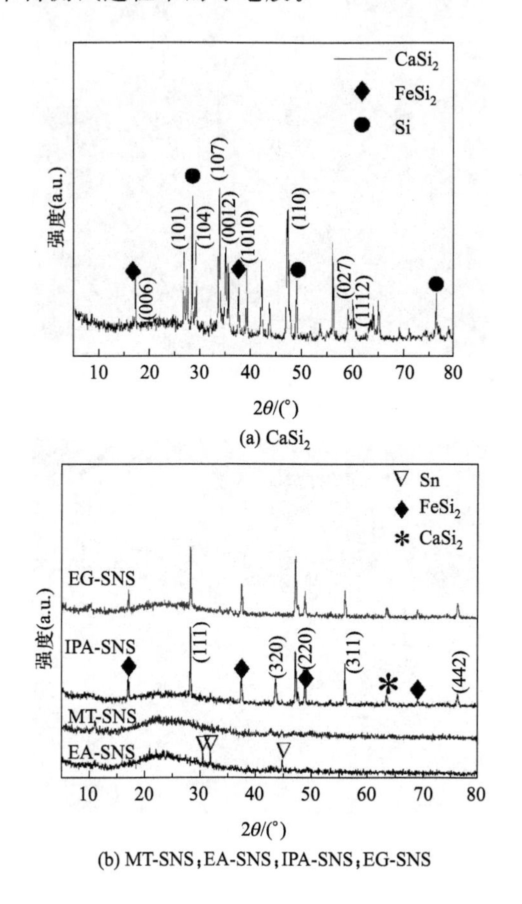

图 2-6 $CaSi_2$ 和四种 SNS 产物的 XRD 谱图

(a) 原料$CaSi_2$

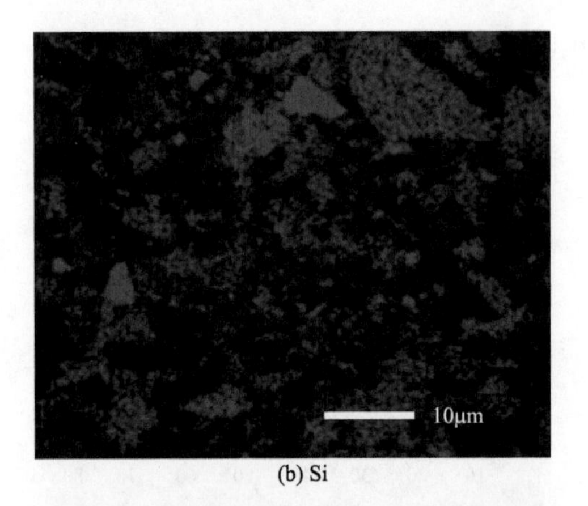

(b) Si

(c) Ca

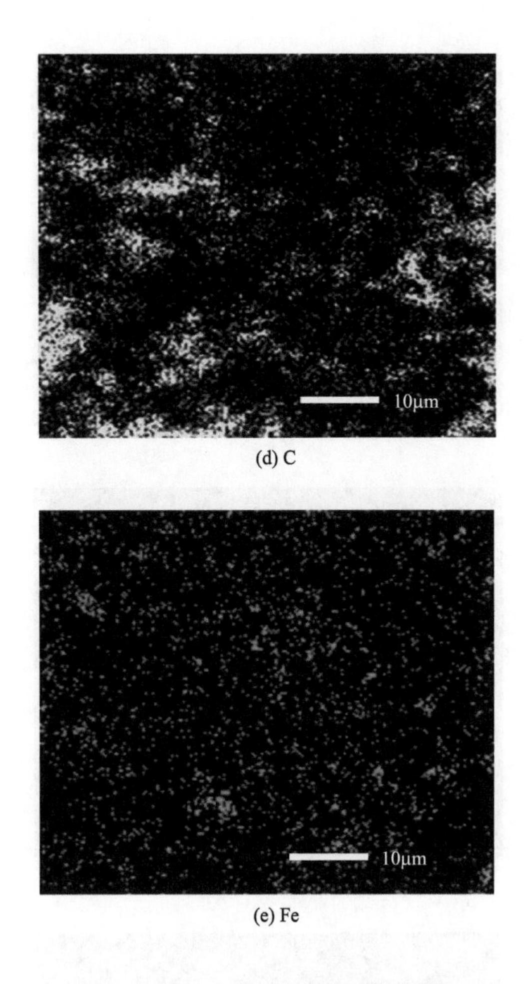

(d) C

(e) Fe

图 2-7　原料 $CaSi_2$ 的元素面扫描分布图

图 2-8（书后另见彩图）为 MT-SNS 的能谱分析图像，可以看出产物中只含有 Si 和 O 两种元素，没有原料 $CaSi_2$ 中的 Ca 元素，说明拓扑化学法已将原料中的 Ca 元素全部脱出。同时，也没有反应物 $SnCl_2$ 中的 Sn^{2+} 和 Cl^- 两种离子残留，表明在洗涤的过程中，HCl 可以将 Sn^{2+} 从 Si 原子层之间完全脱除，Cl^- 也被完全洗掉，Si 原子层保持良好分离。但是在产物中出现了部分 O 元素，说明在反应过程和后期测试中有部分产物被氧化。

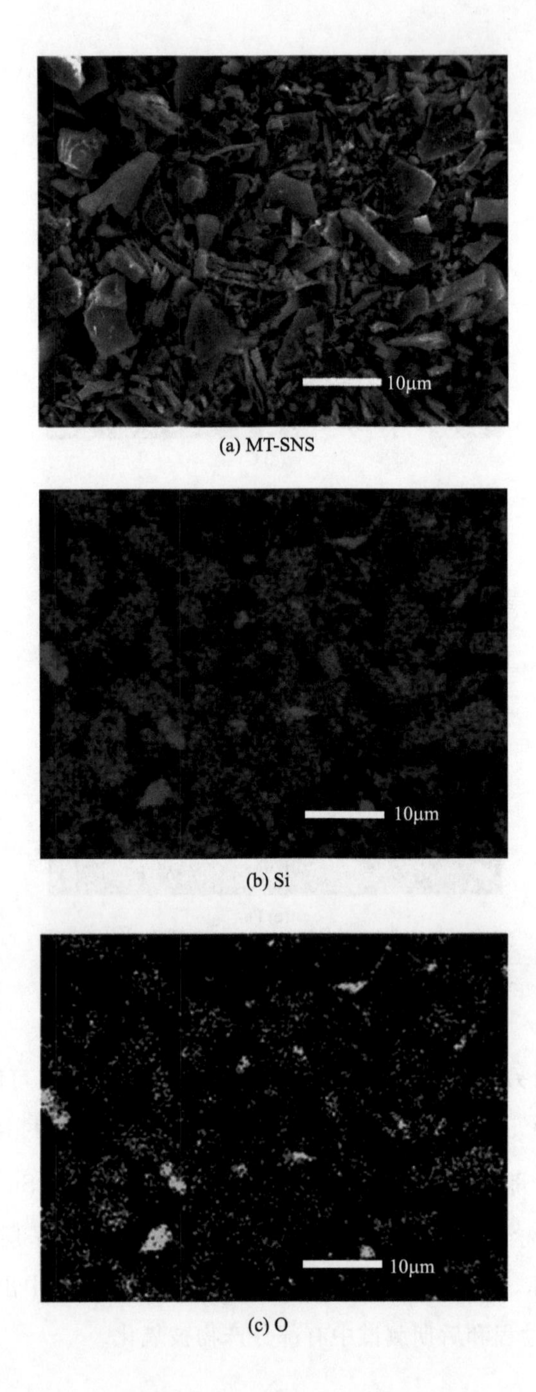

(a) MT-SNS

(b) Si

(c) O

图 2-8　MT-SNS 的 EDS 图像

为了进一步测定产物 SNS 表面的官能团，采用红外光谱和拉曼光谱对 SNS 进行分析表征，结果如图 2-9 所示。

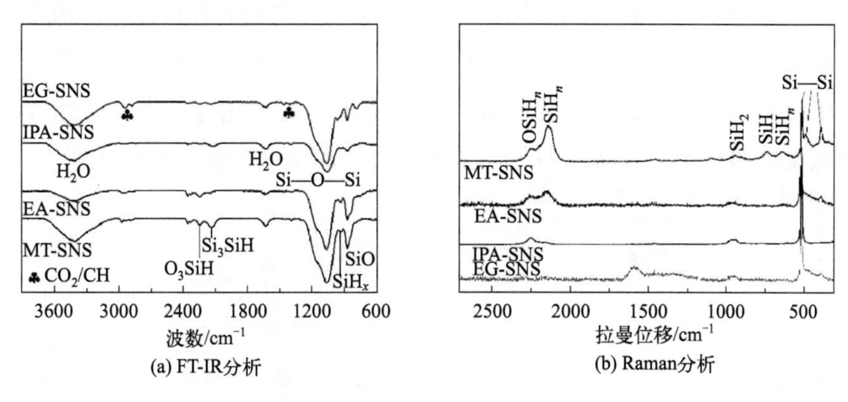

图 2-9 四种 SNS 产物的 FT-IR 和 Raman（拉曼）分析

四种产物的红外光谱图大致相同，800cm^{-1} 和 1052cm^{-1} 处的特征峰对应官能团 Si—O，Si—H 的特征峰出现在 920cm^{-1} 和 2135cm^{-1}[27]，含氧硅氧烷的特征峰出现在 2250cm^{-1}[27]。拉曼光谱是检测层状材料信息的有效方法。图 2-9（b）为四种 SNS 产物拉曼光谱的测试结果。从中可以看出，375cm^{-1} 和 516cm^{-1} 处的特征峰对应于 2D-Si 平面，632cm^{-1} 和 2126cm^{-1} 的峰对应 SiH_n，726～900cm^{-1} 和 2248cm^{-1} 处的特征峰对应 SiH、SiH_2 或 SiOH 和 $OSiH_n$[27]。此外，MT-SNS 在 400cm^{-1} 处增加的特征峰对应 Si—Si，该拉曼数值是基于硅基纳米片层的分散与缺陷的增加，以及表面低曲度值的表现[28,29]。

采用 X 射线光电子能谱仪对四种 SNS 产物中的 Si、O 元素进行测定，确定元素中的电子结合状态，如图 2-10 所示。从图中可以看出，硅基纳米片全谱［图 2-10(a)］在 532eV、102eV 处出现了 O 1s、Si 2p 两种元素的特征峰，由于 H 的光电离截面小，信号弱，并且 H 只有价电子，没有内层电子，XPS 无法检测到 H 元素，因此全谱显示产物中只含有 Si 和 O 两种化学元素。图 2-10(b) 和（c）为 Si 和 O 元素的 XPS 精细谱图，四种 SNS 产物在 103.6eV、102.8eV、102eV 和 99.7eV 处均出现了 Si^{4+}、Si^{3+}、Si^{2+} 和 Si^{+} 的特征谱峰，表明四种产物都含有不同氧化程度的 Si 化合物。O 元素与 Si 元素结合为 Si(—O)$_4$、Si(—O)$_2$ 和 Si(—OH)$_x$ 的化合物，以 Si 的氧化物和硅氧烷的形式存在。通过对比可以发现，MT-SNS 中 Si^{4+} 的含量最低，Si 的氧化物 Si(—

O)$_4$ 和 Si(—O)$_2$ 含量最少，Si^{2+}、SiH_x 和 Si(—OH)$_x$ 含量最高，表明该产物的氧化程度最低，Si—H 官能团的含量最大，SNS 表面 Si 的断裂化学键更多被 H^+ 封端。而其他产物随着反应介质活泼性的降低和反应速率的减小，依次呈现氧化态的增多，Si—H 官能团比例减小，这点将在后续 2.5 部分的机理分析中详细讨论。MT-SNS 表面保持了最低程度的氧化态，可为后续的表面修饰和氢吸附提供丰富的含 H 位点，为提高材料的储氢能力奠定基础。

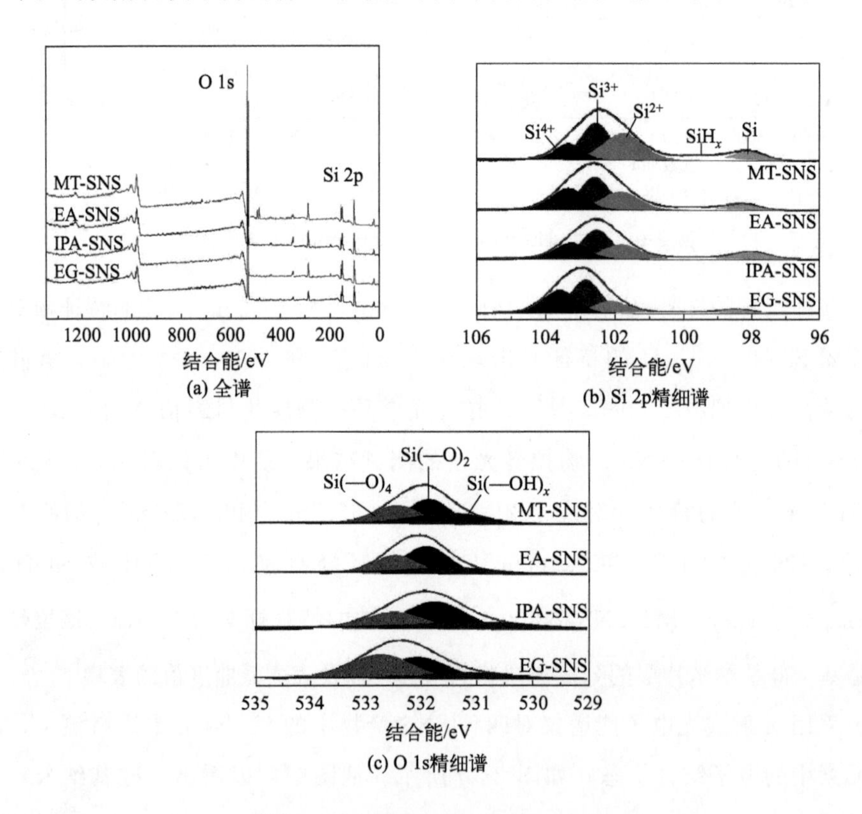

图 2-10　四种 SNS 产物的 XPS 分析

2.2.3　硅基纳米片的比表面积和孔径分析

如前文所述，实验制得的 SNS 片层很薄，具有良好的分散性，为了进一步确定产物的比表面积和孔径分布，采用 BET 比表面积及孔径分析仪对 SNS 进行测定表征，结果如图 2-11 所示。图 2-11（a）表明，四种 SNS 的吸附/解吸等温线都呈现出典型的Ⅳ型等温线，都含有 H3 滞后环，表明材料在低压段实现微孔填充吸附，达到单分子层饱和吸附量后开始出现多层吸附，在中等压力时因为介孔的作用而发生较强吸附。在脱附时，由于出现毛细凝聚现象，发生脱附滞后。测试结果表明，MT-SNS 比表面积为 362m^2/g，接近已有报道的最大值 386.2m^2/g[8]，进一步说明该方法可以得到比表面积大且厚度很薄的硅基纳米片。图 2-11（b）为四种 SNS 的孔径分布曲线。通过对比可以看出，MT-SNS 的孔隙主要由 1～2nm 的微孔和 4nm 左右的中孔组成；EA-SNS 和 EG-SNS 的孔径主要集中在 4nm 左右；IPA-SNS 具有较大宽度的滞后环，孔径分布范围为 8～18nm，不适合氢分子的吸附。

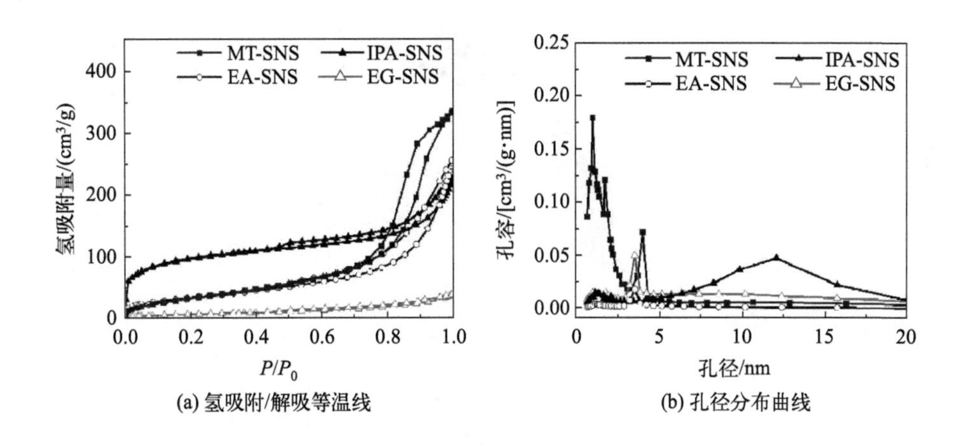

图 2-11 SNS 的氢吸附/解吸等温线及孔径分布（BET）曲线

2.3 硅基纳米片的气态储氢性能分析

2.3.1 硅基纳米片的储氢热力学性能研究

图 2-12 是四种醇溶剂制备的 SNS 在 77K、273K 和 298K 时的吸氢热力学 PCT 曲线。从图中可以看出，每一种结构的 SNS 都在 77K 时表现出较好的氢吸附性能，其中 MT-SNS 的吸氢量最大，达到约 1.4%（质量分数）。结合前面关于材料结构、形貌和孔径分析的结果可以知道，产物结构越疏松，分散性越好，比表面积越大，片层厚度越薄，孔径分布中微孔越多，越有利于吸附氢气。MT-SNS 在所有产物中分散性最好，微孔分布更集中，因此获得了最大

的吸氢量。但是总体来看，四种硅基纳米片的氢吸附量都很小，远远低于美国能源部关于储氢量达到5.5%（质量分数）的要求[30-32]。四种产物的吸附曲线都显示出物理吸附的未饱和状态，没有出现像金属氢化物的吸氢平台压，而且随着温度升高吸附量减小，这是因为氢分子在硅基纳米片表面上是物理吸附，此时固体表面对气体分子的结合能很小，为0.06～0.11eV，在接近氢气液化点时气体分子的动能最小，吸附量达到最大，氢吸附量会随着温度的降低而逐渐增加。随着温度的升高，气体分子的热振动加剧，材料吸附的气体分子会在表面发生脱附。

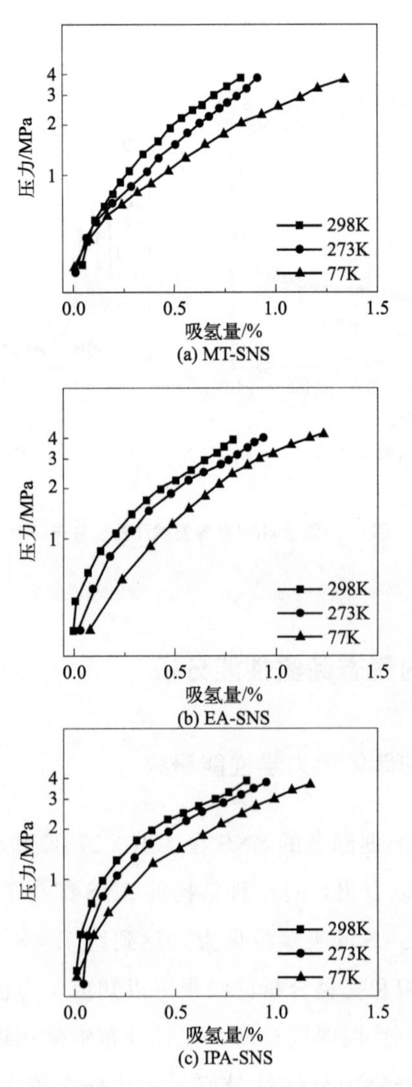

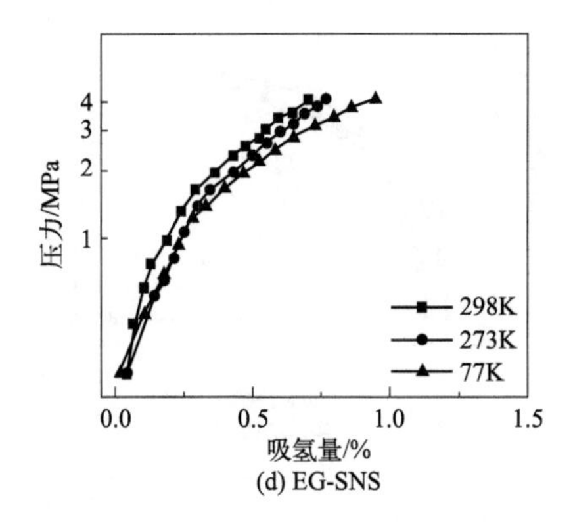

(d) EG-SNS

图 2-12　四种 SNS 产物的吸氢 PCT 曲线

图 2-13 是四种醇溶剂制备的 SNS 在 400K、450K 和 500K 时的 PCT 放氢热力学曲线。为了证实 SNS 表面吸附的氢分子是否可以发生完全脱附，实验不断升温，选择 400K、450K 和 500K 三个温度进行测试。结果表明，随着温度的升高，氢气分子的动能增大，四种硅基纳米片表面的氢分子都开始发生脱附。从图中可以看出，温度为 400K 时还不能实现完全脱附，但当温度上升到 450K 时，纳米片表面吸附的氢可以实现完全脱附，当温度达到 500K 时脱附情况与 450K 相近，未发生较大变化，说明 450K 是纳米片表面氢分子完全脱附的适宜温度，也说明硅基纳米片表面氢化是一个可逆的过程，该结果与中国科学院物理研究所[33,34] 的研究结果相同，进一步表明了硅基纳米片作为一种储氢材料的潜力。

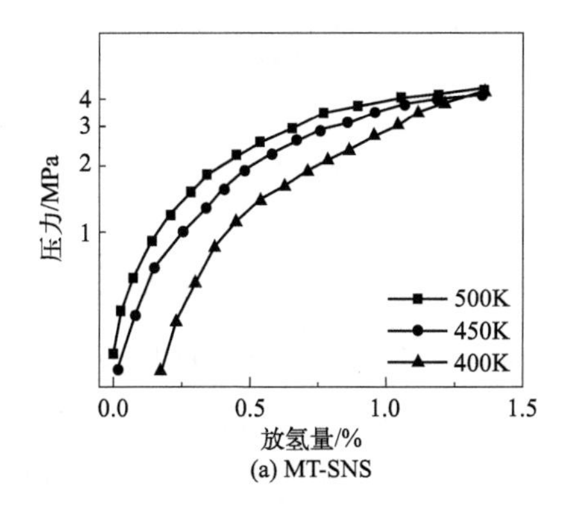

(a) MT-SNS

图 2-13

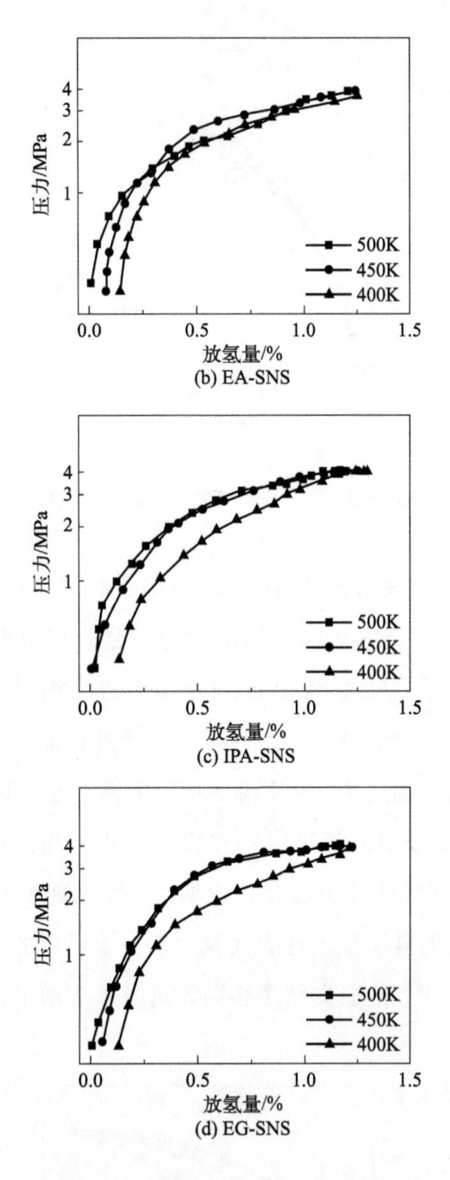

图 2-13　四种 SNS 产物的放氢曲线

根据美国能源部关于结合能达到 0.2～0.6eV 的标准，SNS 表面吸附氢分子的结合能是远远不够的。而如果氢以 Si—H 的方式进行化学吸附，结合能达到 3.16eV，结合能太高不适合氢的脱附，因此在 SNS 表面并不适合以化学吸附的形式储氢。虽然纯 SNS 吸附氢分子的量不高，但是根据理论计算报道的结果[35-37]，由于 SNS 是 sp^2/sp^3 混合杂化的结构，在选择金属进行修饰后，

SNS 表面的 π 键会与金属原子结合，使得金属原子弥散分布而不团聚，并以金属原子为吸附中心吸附较多的氢气分子，大幅提高 SNS 的储氢能力，这一点将在后续第 4 章、第 5 章通过具体实验数据详细阐明。

2.3.2 硅基纳米片的储氢动力学性能研究

图 2-14 是四种 SNS 在不同温度（77K、273K、298K）和 4MPa 氢气压力下的吸氢动力学曲线。

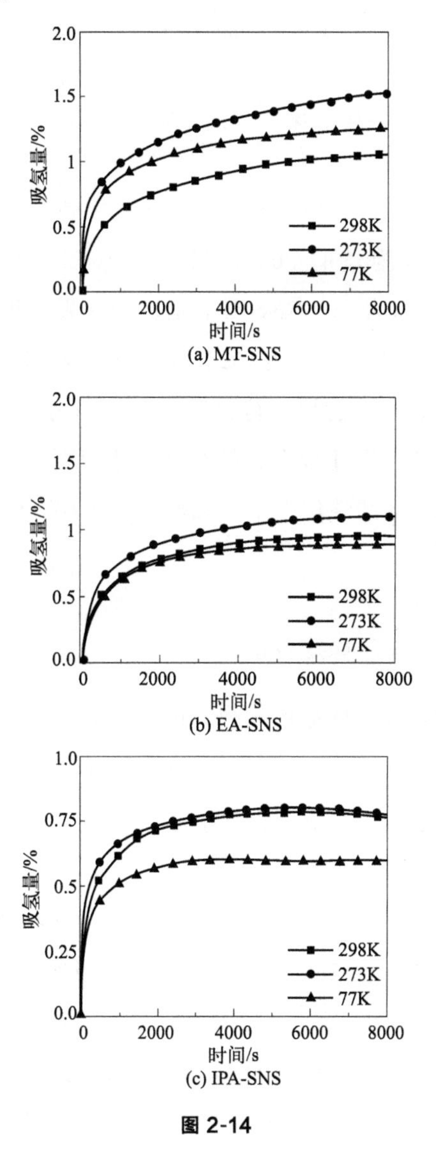

图 2-14

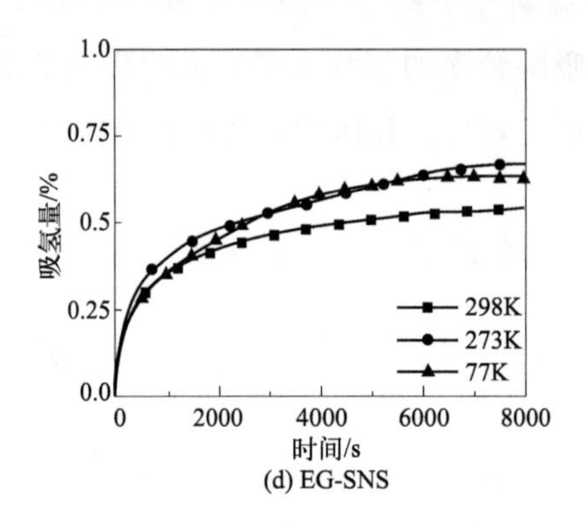

图 2-14　四种 SNS 产物的吸氢动力学曲线

从图 2-14 中可以看出，MT-SNS 的氢吸附量最大且吸氢速度最快，77K 下在 2500s 达到最大吸附量的 90%，另外三种 SNS 的氢吸附曲线基本在 3000s 左右接近饱和，因为 MT-SNS 具有最大的比表面积和大量微孔，利于氢气分子的吸附，但是吸附量与前述 PCT 的测试结果相同，吸附量整体偏低。总体来看，SNS 的动力学性能均有待提高，这是因为氢气分子在 SNS 表面是物理吸附，会受到孔径、活性位点、结合能等因素的影响，同时由于 SNS 本身具有分散性，以及表面活性位点不足，氢气分子在 SNS 表面的吸附量偏低，而且吸氢速度较慢。

2.3.3　硅基纳米片的循环稳定性能研究

循环稳定性是衡量材料储氢性能的一项非常重要的指标。为了考察硅基纳米片氢吸附的循环稳定性，实验选择甲醇制备的产物 MT-SNS，在温度 77K、压强 4MPa 条件下重复 6 次吸氢动力学测试，结果如图 2-15（书后另见彩图）所示。

从图 2-15 中可以看出，该样品在 6 次循环中性能表现大致相同，没有出现性能大幅衰减，样品均在 2500s 左右达到最大吸氢量的 90%。为了了解储氢前后 MT-SNS 的结构变化信息，特对 MT-SNS 储氢前后的表观形貌进行对比，如图 2-16 所示。从图 2-16 中可知，储氢测试前的 MT-SNS［图 2-16(a)］颗粒尺寸为几微米到十几微米，而经过氢吸脱附后颗粒尺寸基本小于 10μm，

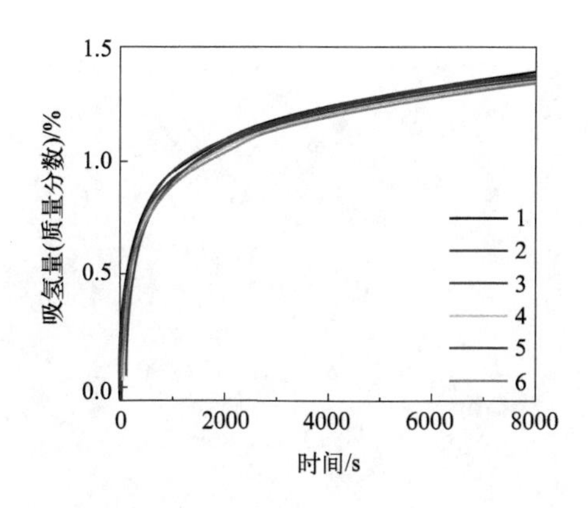

图 2-15 MT-SNS 循环 6 次吸氢动力学曲线

氢气吸脱附后颗粒尺寸显著变小。为了准确说明氢气吸脱附对颗粒尺寸的影响，选择激光粒度仪对储氢前后的样品颗粒进行测定，详细结果列于表 2-3。从表 2-3 中可以看出，四种产物在储氢后粒径尺寸都有所减小，从十几微米减小到几微米甚至几百纳米，该结果与图 2-16 的 SEM 图所展示的颗粒形貌一致。物理吸附中吸附质分子是通过物理力的吸附作用与吸附剂表面的原子或分子相结合，而这种物理力就是范德华力，包括色散力、静电力和诱导力。当被吸附体与吸附体的极性比较小时，吸附作用以色散力为主[38,39]。当吸附客体为极性分子时，与吸附体之间的吸附作用会形成偶极矩，此时吸附过程以定向力和诱导力为主导作用。有时吸附质分子与吸附剂表面以形成氢键的形式发生物理吸附[39]。氢气吸脱附过程中，会造成吸附质与 SNS 表面键合作用的形成与断裂，测试数据说明氢气分子的吸脱附会对 SNS 的结构造成损坏，导致产物结构塌陷和破碎，对材料的循环稳定性产生影响[40-42]。

表 2-3 四种 SNS 产物储氢前后粒径对比

名称	平均粒径(储氢前)/10^4nm	平均粒径(储氢后)/10^4nm
MT-SNS	1.2880	0.05845
EA-SNS	1.3680	0.9193
IPA-SNS	1.3820	1.0850
EG-SNS	1.2900	1.0560

(a) 储氢前

(b) 储氢后

图 2-16 MT-SNS 储氢前后 SEM 图

2.4 醇溶剂对硅基纳米片结构、形貌和储氢性能的影响机理

早在 2007 年，Verri 等[40] 受石墨烯结构的启发就提出了类石墨烯的硅基纳米片。经过大量科学研究，硅基纳米片可以通过很多种方法制备出来，并且由于方法的不同而结构迥异[40-42]。其中拓扑化学法是设备最简单、最易操作且条件相对要求不高的一种方法。在采用拓扑化学法制备硅基纳米片的过程

中，溶剂不仅为整个反应提供一个适宜的反应环境，而且还兼具氧化性，因此反应溶剂的选择至关重要。

醇类溶剂是很常见的实验溶剂，成本不高且易获得。表 2-4 列出了四种醇溶剂的结构式、pK_a，以及产物 SNS 的最大吸氢量和达到吸氢稳态的时间。

表 2-4　不同醇溶剂的结构和性质对比

溶剂种类	结构式	密度/(g/mL)	pK_a	产物吸氢量(质量分数)/%	饱和吸氢时间/s
H_2O	O / \\ H　H	1.000	14	—	—
甲醇	H | H—C—O—H | H	0.791	15.5	1.42	2500
乙醇	H　H |　| H—C—C—O—H |　| H　H	0.789	15.9	1.12	3000
异丙醇	H | H　O　H |　|　| H—C—C—C—H |　|　| H　H　H	0.785	16.5	0.91	3000
乙二醇	H　H |　| H—O—C—C—O—H |　| H　H	1.113	14.22	0.82	3000

从表 2-4 中可以看出，甲醇、乙醇、异丙醇均为一元醇，乙二醇为二元醇。从溶剂化效应的角度来看，一元醇的醇分子中烃基越小，α-碳原子所连支链越少，pK_a 值越小，越容易解离出氢离子，其酸性就越强。表 2-4 中三种一元醇的 pK_a 值由小到大依次是甲醇、乙醇、异丙醇，因此甲醇的酸性大于乙醇和异丙醇。与之相比，乙二醇为二元醇，含有两个羟基，对于多元醇而言，电离氢离子的速率要大于一元醇，因此 pK_a 值就小，其酸性更强[43]。

另外，从诱导效应来看，羟基的酸性取决于羟基上氧原子的电子密度[43]。与羟基相连的官能团的给电子能力越大，则氧原子的电子密度越大，对氢质子的吸引力越大，氢离子的电离能力越弱，酸性越弱；反之，如果与羟基相连的官能团的吸电子能力越强，则羟基上氧原子的电子密度越小，酸性越强。按照诱导效应，四种醇溶剂所连接的烷基均为给电子基团，给电子能力由强到弱排序依次为 $(CH_3)C>CH_3CH_2>CH_3>H$，因此 pK_a 值由小到大依次是 H_2O<乙二醇<甲醇<乙醇<异丙醇，那么酸性由强到弱的顺序则为 H_2O>乙二醇>甲醇>乙醇>异丙醇。因此，结合溶剂化效应和诱导效应两种理论解释，增加羟基和减少碳链都会增强溶剂的氧化性，但是醇溶剂是弱电解质，故这四种醇溶剂的酸性是十分微弱的。

图 2-17 为拓扑化学法制备 SNS 的反应机理示意图（书后另见彩图）。在拓扑化学法制备硅基纳米片的过程中，醇溶剂不仅是反应环境，而且起弱氧化作用，将原料氧化生成产物 SNS。产物新生成的表面含有大量断裂的化学键，溶剂在电离氢离子后生成的官能团，会快速将其功能化封端，达到降低系统总能量、使产物稳定的作用，因此溶剂电离性的大小非常重要。然而，并不是电离程度越强越好，因为酸性越大，溶剂越活泼，反应速率越快，产物新生成的表面能量很高，来不及功能化就被溶剂中的氧离子氧化，抑或是彼此快速发生团聚，形成大量硅单质，而不能实现 SNS 片层的良好分散。比如以水为溶剂制备 SNS 时反应速率太快，溶剂中的含氧量太高，得到的 SNS 片层分散性不好，表面以氧化态为主，导致活性位点减少，后期储氢性能不佳。采用乙二醇作为溶剂反应时，虽然其电离速率稍小，理论上利于产物的功能化和分层，但是由于乙二醇的密度较大，反应环境中的 Ca^{2+}、Sn^{2+}、Cl^- 运动速度减慢，无法在片层结构中实现完全置换，不利于反应的进行，因此得到的产物是图 2-4(g)、(h) 所示的一个完整的块状，没有形成疏松的片层结构。而异丙醇体系的反应效果不佳则是因为溶剂的 pK_a 值较小，电离速率比较小，反应过程

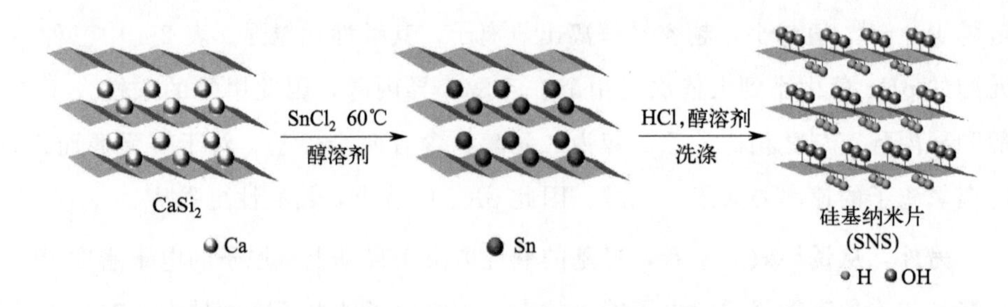

图 2-17 拓扑化学法制备 SNS 的反应机理示意图

中无法完全将产物新表面快速功能化，最终导致硅片层集合在一起，形成了含大量硅单质的块状产物。甲醇和乙醇的密度相近，甲醇的 pK_a 值略小于乙醇，因此在反应的过程中，甲醇电离出的离子浓度略大于乙醇，可以实现离子的快速置换以及脱出，产物的片层分散状况优于乙醇的产物，所以甲醇不仅可以得到结构很好的产物，还可以大大提高反应效率。

四种醇溶剂制备的 SNS 的储氢性能对比如图 2-18 所示。

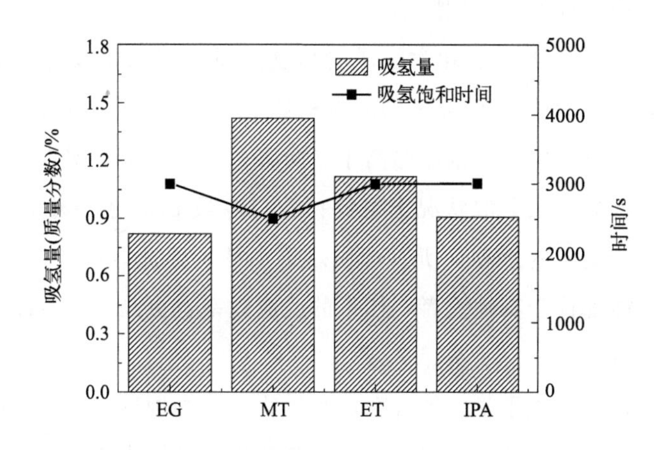

图 2-18　四种醇溶剂制备的硅基纳米片的储氢性能对比

2.5　硅基纳米片的应用

本章采用拓扑化学法以 $CaSi_2$ 为原料，选取甲醇、乙醇、异丙醇和乙二醇作为反应溶剂，制备了四种结构各异、形貌独特、储氢性能不同的硅基纳米片产物，系统讨论了反应溶剂对产物形貌、结构、表面官能团、片层厚度、比表面积和孔径分布、颗粒粒径以及储氢性能的影响，其中储氢性能包括热力学性能、动力学性能和循环稳定性。从反应溶剂的化学结构和物理、化学性质入手，对其在反应体系中的作用机理进行了分析。

① 四种 SNS 产物的结构和形貌分析表明，甲醇相比乙醇、异丙醇和乙二醇，制备的产物结构更疏松，片层更薄，呈半透明状，分散性更好，不含有其他杂质，比表面积更大，孔径分布以微孔为主，氧化程度更低。

② 甲醇制备的SNS表面具有较低的氧化态，含有更多的吸附活性位点，因而在氢气吸附测试中表现出更大的吸氢量，在氢气脱附过程中也可以实现完全脱附。该SNS达到稳态吸氢量的时间更短，氢吸附速率最大，热力学性能和动力学表现均优于其他三种醇溶剂得到的产物。

③ 甲醇制备的SNS在6次氢吸附循环测试中性能相对稳定，但是多次测试后颗粒粒径明显减小，说明氢分子的吸脱附会造成产物结构的塌陷和破坏，对材料的循环稳定性产生不利影响。

④ 从化学结构、物理和化学性质的角度，通过溶剂化效应和诱导效应理论，阐明了拓扑化学法制备SNS的反应机理，结果表明：甲醇的 pK_a 值小于乙醇和异丙醇，电离的离子浓度略高于后两者，反应中可以实现离子的快速置换和脱出，产物的片层分散状况也更好；乙二醇虽 pK_a 值更小，但是由于密度较大，不利于离子的运动，所以产物效果不佳。因此，甲醇制备的SNS的结构和储氢性能都优于其他三者，体系的反应效率也更高，是后续进行表面修饰和设计复合材料的不二之选。

硅基纳米片在微电子学、能源存储和生物医学等领域展现出了广泛的应用潜力。随着晶体管尺寸持续微缩，传统硅基器件面临短沟道效应和量子隧穿等挑战。硅基纳米片如硅烯，因其超薄结构，表现出优异的载流子迁移率和栅控特性，与其他半导体材料实现异质集成，具有良好的兼容性。例如，硅基纳米片与硅电路整合可以作为补充技术，提升集成电路的性能和集成度。复旦大学周鹏教授课题组在 *Advanced Materials* 上发表的研究指出，硅基纳米片作为半导体可用于制造鳍式场效应晶体管（FinFET）、多桥沟道场效应晶体管（MBCFET）等新型器件，这些器件能有效调制亚纳米尺度的沟道，提升器件性能。

在高效储能器件领域，特别是在高性能电池、超级电容器以及氢存储等方面，硅基纳米片同样具有巨大的应用潜力。硅基纳米片应用于锂离子电池、钠离子电池和钾离子电池的电极材料中，其高比表面积、独特的电子特性、充分的电极-电解质接触面积和出色的活性、具有快速离子传输和巨大理论容量、可实现更高的能量密度和更长的循环寿命，为发展低成本且高效的能源存储器件提供了新的可能性，尤其超级电容器可适用于快速充放电场景，而且具有良好的循环稳定性，在储能领域显示出卓越的应用前景。同时，二维材料优良的表面活性和量子特性、高光电转换效率和可调带隙特性，有助于提高电池和超级电容器的能量密度和充放电效率，在氢吸附和析氢反应、光伏领域展现出广阔的应用前景。

硅基纳米片在生物医学领域的应用中展现出巨大的潜力和多样性，涵盖了从生物检测、药物递送到生物传感，再到组织工程等多个方面。利用硅基纳米片的优异电导率和光性能，可以开发出高灵敏度的生物传感器，用于检测生物分子和细胞活动，实现对疾病标志物的实时监测，为疾病的早期诊断和治疗提供重要信息。通过集成多种硅基纳米片，可以实现对多个生物参数的同时检测，提高诊断的准确性和效率。另外，硅基纳米片由于其高比表面积和良好的生物相容性，可以作为药物分子的有效载体，提高药物的装载量和递送效率。通过对硅基纳米片表面进行特定修饰，可以实现对特定病变部位的靶向输送，减少药物在正常组织中的分布，降低不良反应，通过外界刺激（如 pH 值、温度等）实现药物的可控释放，从而提高治疗效果。利用其光热转换特性可以进行光热疗法，通过局部加热杀死癌细胞，减少对正常组织的损伤。硅基纳米片具有良好的机械性能和生物相容性，可以用作组织工程的支架材料，促进细胞附着和增殖，通过调控其表面的物理化学性质，可以影响细胞的行为（如迁移、分化等），促进组织的再生和修复。三维结构的硅基纳米片还可以为组织工程提供更多的空间支持和营养输送通道。

综上所述，硅基纳米片在微电子学、能源存储、生物医学等多个前沿领域展现出广泛的应用潜力，其在晶体管缩放、异质集成、能源存储器件、催化剂以及生物传感器等方面的独特优势，为未来科技发展提供了新的可能性。然而，要实现这些应用的大规模商业化，还需要解决制备技术、稳定性和成本效益等方面的挑战。通过持续研究和技术创新，硅基纳米片有望在未来对科技进步做出重要贡献。

参考文献

[1] Zhuang J，Xu X，Peleckis G，et al. Silicene：A promising anode for lithium-ion batteries [J]. Advanced Materials，2017，29 (48)：1606716.

[2] Stephen Ornes. Silicene [J]. Core Concept，2014，11 (30)：10899.

[3] Mao Y，Tang C，Guo G，et al. Evolution of the electronic and magnetic properties of zigzag silicene nanoribbon used for hydrogen storage material [J]. International Journal of Hydrogen Ener-

gy, 2017, 42 (44): 27184-27205.
[4] Guo G, Mao Y, Zhong J, et al. Design lithium storage materials by lithium adatoms adsorption at the edges of zigzag silicene nanoribbon: A first principle study [J]. Applied Surface Science, 2017, 406: 161-169.
[5] Wang W, Olovsson W, Uhrberg R I G. Band structure of hydrogenated silicene on Ag (111): Evidence for half-silicane [J]. Physical Review B, 2016, 93 (8): 1406 (R) .
[6] Wu W, Ao Z, Wang T, et al. Electric field induced hydrogenation of silicene [J]. Chemical Physics, 2014, 16: 16588-16594.
[7] Kremer L F, Baierle R J. Graphene and silicene nanodomains in a ultra-thin SiC layer for water splitting and hydrogen storage: A first principle study [J]. International Journal of Hydrogen Energy, 2020, 45: 5155-5164.
[8] Chen S, Chen Z, Xu X, et al. Scalable 2D mesoporous silicon nanosheets for high performance lithium-ion battery anode [J]. Small, 2018, 14: 1703361.
[9] Kim S W, Lee J, Sung J H, et al. Two-dimensionally grown single-crystal silicon nanosheets with tunable visible-light emissions [J]. ACS Nano, 2014, 8: 6556-6562.
[10] Terada T, Uematsu Y, Ishibe T, et al. Giant enhancement of seebeck coefficient by deformation of silicene buckled structure in calcium-intercalated layered silicene film [J]. Advanced Materials Interfaces, 2022, 9 (1): 2101752.
[11] Karar D, Bandyopadhyay N R, Pramanick A K, et al. Quasi-two-dimensional luminescent silicon nanosheets [J]. The Journal of Physical Chemistry C, 2018, 122: 18912-18921.
[12] Krishnamoorthy K, Pazhamalai P, Kim S J. Two-dimensional siloxene nanosheets: Novel high-performance supercapacitor electrode materials [J]. Energy Environment Science, 2018, 11: 1595-1602.
[13] Li S, Wang H, Li D, et al. Siloxene nanosheets: A metal-free semiconductor for water splitting [J]. Journal of Materials Chemistry A, 2016, 4: 15841-15844.
[14] Helbich T, Lyuleeva A, Ludwig T, et al. One-step synthesis of photoluminescent covalent polymeric nanocomposites from 2D silicon nanosheets [J]. Advanced Function Materials, 2016, 26 (37): 6711-6718.
[15] Lyuleeva A, Helbich T, Rieger B, et al. Polymer-silicon nanosheet composites: Bridging the way to optoelectronic applications [J]. Journal of Physics D-Applied Physics, 2017, 50 (13): 135106.
[16] Ohshita J, Yamamoto K, Tanaka D, et al. Preparation and photocurrent generation of silicon nanosheets with aromatic substituents on the surface [J]. The Journal of Physical Chemistry C, 2016, 120: 10991-10996.
[17] Helbich T, Lyuleeva A, Höhlein I M D, et al. Radical-induced hydrosilylation reactions for the functionalization of two-dimensional hydride terminated silicon nanosheets [J]. Chemistry-A European Journal, 2016, 22 (18): 6194-6198.
[18] Okamoto H, Kumai Y, Sugiyama Y, et al. Silicon nanosheets and their self-assembled regular stacking structure [J]. Journal of the American Chemical Society, 2010, 132 (8): 2710-2718.
[19] Pazhamalai P, Krishnamoorthy K, Sahoo S, et al. Understanding the thermal treatment effect of two-dimensional siloxene sheets and the origin of superior electrochemical energy storage performances [J]. ACS Applied Materials Interfaces, 2019, 11: 624-633.
[20] Nakano H, Ishii M, Nakamura H. Preparation and structure of novel siloxene nanoshets [J]. Chemistry Communication, 2005, 23: 2945-2947.
[21] Nakano H, Mitsuoka T, Harada M, et al. Soft synthesis of single-crystal silicon monolayer sheets [J]. Angewandte Chemie International Edition, 2006, 45 (38): 6303-6306.
[22] Sugiyama Y, Okamoto H, Mitsuoka T, et al. Synthesis and optical properties of monolayer organosilicon nanosheets [J]. Journal of the American Chemical Society, 2010, 132: 5946-5947.

[23] Kaloni T P, Schreckenbach G, Freund M S, et al. Current developments in silicene and germanene [J]. Physica Status Solidi Rapid Research Letters, 2016, 10 (2): 133-142.

[24] Nakano H, Nakano M, Nakanishi K, et al. Preparation of alkyl-modified silicon nanosheets by hydrosilylation of layered polysilane (Si_6H_6) [J]. Journal of the American Chemical Society, 2012, 134 (12): 5452-5455.

[25] Gao R, Tang J, Yu X. Layered silicon-based nanosheets as electrode for 4V high-performance supercapacitor [J]. Advanced Functional Materials, 2020, 30: 2002200.

[26] Zhang W, Sun L, Nsanzimana J M V. Lithiation/Delithiation synthesis of few layer silicene nanosheets for rechargeable Li-O_2 batteries [J]. Advanced Materials, 2018, 30: 1705523.

[27] Ryan B J, Hanrahan M P, Wang Y. Silicene, siloxene, or silicane? Revealing the structure and optical properties of silicon nanosheets derived from calcium disilicide [J]. Chemical Materials, 2020, 32 (2): 795-804.

[28] Liu Y, Zhuang J, Hao W, et al. Raman studies on silicene and germanene [J]. Surface Innovations, 2018, 6 (1-2): 4-12.

[29] Sheng S, Wu J, Cong X, et al. Vibrational properties of a monolayer silicene sheet studied by tip-enhanced raman spectroscopy [J]. Physical Review Letters, 2017, 119 (19): 196803.

[30] Zheng J, Liu X, Xu P, et al. Development of high-pressure gaseous hydrogen storage technologies [J]. International Journal of Hydrogen Energy, 2012, 37 (1): 1048-1057.

[31] 陈秋阳，陈云伟．国际氢能发展战略比较分析 [J/OL]. 科学观察：1-12. [2022-02-23]. https: //doi. org/10. 15978/j. cnki. 1673-5668. 202202001.

[32] Liu Y, Wu X. Hydrogen and sodium ions co-intercalated vanadium dioxide electrode materials with enhanced zinc ion storage capacity [J]. Nano Energy, 2021, 86: 106124.

[33] Feng B, Ding Z, Meng S, et al. Evidence of silicene in honeycomb structures of silicon on Ag (111) [J]. Nano Letters, 2012, 12 (7): 3507-3511.

[34] Chen L, Li H, Feng B, et al. Spontaneous symmetry breaking and dynamic phase transition in monolayer silicene [J]. Physical Review Letters, 2013, 110 (8): 085504.

[35] 王玉生．储氢材料：纳米储氢材料的理论研究 [M]. 北京：中国水利水电出版社，2015.

[36] Wang Y, Zheng R, Gao H, et al. Metal adatoms-decorated silicene as hydrogen storage media [J]. International Journal of Hydrogen Energy, 2014, 39: 14027-14032.

[37] Lin X, Ni J. Much stronger binding of metal adatoms to silicene than to graphene: A first-principles study [J]. Physical Review B, 2012, 86 (7): 075440.

[38] 艾伦·艾萨克斯. 麦克米伦百科全书 [M]. 杭州：浙江人民出版社，2002.

[39] 刘大中，王锦．物理吸附与化学吸附 [J]. 山东轻工业学院学报（自然科学版），1999 (2): 24-27.

[40] Guzmán-Verri G G, Voon L Y. Electronic structure of silicon-based nanostructures [J]. Physics Review B, 2007, 76 (7): 075131.

[41] Du Y, Zhuang J, Wang J. Quasi-freestanding epitaxial silicene on Ag (111) by oxygen intercalation [J]. Science Advances, 2016, 7 (2): e1600067.

[42] Pizzochero M, Bonfantia M, Martinazzo R. Hydrogen on silicene: Like or unlike graphene? [J]. Physical Chemistry Chemal Physics, 2016, 18: 15654-15666.

[43] 潘英明，谭雪友．诱导效应和共轭效应对有机物酸性的影响 [J]. 教育教学论坛，2014 (1): 146-147.

第3章

硅基纳米片复合$Cu_3(BTC)_2$的制备及储氢性能研究

硅基纳米片（SNS）与石墨烯相类似，是由空穴和硅原子组成的单层排列，由于特殊的 sp^2/sp^3 杂化结构，是一种很好的储氢材料[1,2]。SNS 本身氢分子吸附位点少，储氢量低，吸附能小，严重制约了其进一步应用，但是其较低分子量和高比表面积的优势，决定了其作为储氢材料的潜在能力。因此，有必要寻找一种有效的改性方法，对 SNS 表面进行修饰和复合，充分利用其独特的结构和特点，提高 SNS 的储氢性能。金属有机骨架化合物（metal organic frameworks，MOFs）是一种有机-无机配位形成的周期性网络排列的晶态多孔材料，具有高孔隙率、比表面积大和金属位点多等特点，气体分子与金属离子、有机骨架原子之间通过色散力、排斥力等发生吸附[3-12]。近些年在能源领域，人们采用多种方法对 MOFs 材料进行功能化和表面修饰，在 CO_2 捕获、甲醇转化、锂电存储、氢催化、气体吸附等方面开展了大量研究，取得了丰硕的成果[13-25]。

$Cu_3(BTC)_2$ 是一种三维面心立方双孔晶体，具有直径约 0.9nm 的方形孔和直径约 0.5nm 的四面体侧孔[3,9]，微孔孔径与氢气分子相近，而且具有大量的非饱和金属位点和良好的结构稳定性，因此该化合物非常适合用于储氢。以往的研究报道中，$Cu_3(BTC)_2$ 的比表面积高达 $1587m^2/g$，材料的总储氢量达到了 4.49%（质量分数）[10]。最近，Qian 等[13] 利用溶胶-凝胶工艺生产了一种 $Cu_3(BTC)_2$ 单体，Rochat 等[14] 将 $Cu_3(BTC)_2$ 嵌入固有微孔的高比表面积聚合物（PIM1）基质中，通过相互渗透增加 MOFs 的表面积，为提高基体材料的气体吸附能力提供了一种新的途径。

在本章内容中，我们提出了一种将 SNS 与 $Cu_3(BTC)_2$ 复合的新策略，采用微波法在 SNS 的基础上原位合成 $Cu_3(BTC)_2$，得到一种三维网络骨架 $Cu_3(BTC)_2$ 包覆二维片层 SNS 的复合材料 SNS@$Cu_3(BTC)_2$，考察了微波反应条件对产物结构、形貌和储氢性能的影响，系统研究了复合产物的热力学性能、动力学性能和氢扩散系数，得到了具有最佳储氢性能的 SNS@$Cu_3(BTC)_2$ 复合材料。

3.1 硅基纳米片复合 $Cu_3(BTC)_2$ 的制备

3.1.1 实验原料及仪器设备

本章所采用的实验原料和试剂、实验仪器设备如表 3-1 和表 3-2 所列。

表 3-1　实验原料和试剂

原料及试剂	化学式及简称	规格型号	生产厂商
硅化钙	$CaSi_2$	分析纯	Sigma-Aldrich
无水氯化亚锡	$SnCl_2$	分析纯	Adamas-beta
十二烷基硫酸钠	$C_{12}H_{25}SO_4Na$(SDS)	分析纯	Adamas-beta
1,3,5-均苯三甲酸	$C_9H_6O_6$	分析纯	上海麦克林生化科技有限公司
硝酸铜水合物	$Cu(NO_3)_2 \cdot 2.5H_2O$	分析纯	上海麦克林生化科技有限公司
N,*N*-二甲基甲酰胺	C_3H_7NO(DMF)	分析纯	天津市北辰方正试剂厂
聚四氟乙烯	PTFE	分析纯	天津市艾维信化工科技有限公司
乙炔黑	C	分析纯	天津市艾维信化工科技有限公司
硼氢化钠	$NaBH_4$	分析纯	天津市天力化学试剂有限公司
氢氧化钾	KOH	分析纯	天津市凯通化学试剂有限公司
无水甲醇	CH_3OH	分析纯	天津市天力化学试剂有限公司
无水乙醇	CH_3CH_2OH	分析纯	天津市光复科技发展有限公司
金属泡沫镍	Ni	分析纯	天津市艾维信化工科技有限公司
氢氧化钠(粒)	NaOH	分析纯	上海麦克林生化科技有限公司
盐酸	HCl	分析纯	西陇科学股份有限公司
二氧化碳	CO_2	高纯气体	太原市泰能气体有限公司
氢气	H_2	高纯气体	太原市泰能气体有限公司
氦气	He	高纯气体	山西省安旭鸿云科技有限公司
氮气	N_2	高纯气体	太原市泰能气体有限公司

表 3-2　实验仪器设备

仪器设备	型号	生产厂家
电子天平	FA2004B	上海菁海仪器有限公司
磁力搅拌器	RCT digital	德国 IKA 仪器设备有限公司
微波合成仪	WKYⅢ-0.5	上海佳安分析仪器厂
鼓风干燥箱	DHG-9145A	上海一恒科技仪器有限公司
循环水真空泵	SHZ-DⅢ	郑州市亚荣仪器有限公司
实验室超纯水器	WSN-C10-VF	长沙沃恩环保科技有限公司
超声波清洗器	KH3200DE	昆山禾创超声仪器有限公司
数显恒温水浴锅	HH-2	常州润华电器有限公司
旋片式真空泵	2XZ-2	浙江临海市永昊真空设备有限公司
真空干燥箱	DZF	上海一恒科技仪器有限公司
电化学工作站	CHI760E	上海辰华仪器有限公司

3.1.2 制备工艺

图 3-1 为微波法制备 $Cu_3(BTC)_2$ 的流程（书后另见彩图）。

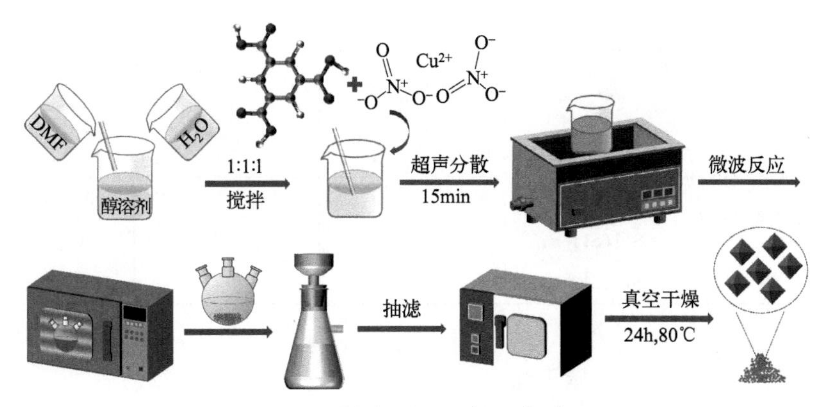

图 3-1 微波法制备 $Cu_3(BTC)_2$ 流程

实验选择 $Cu(NO_3)_2 \cdot 2.5H_2O$、均苯三甲酸、*N*,*N*-二甲基甲酰胺（DMF）为原料，采用微波法按照一定的反应功率、反应温度和时间制备金属有机骨架化合物 $Cu_3(BTC)_2$，具体制备工艺如下。

（1）微波法合成 $Cu_3(BTC)_2$

首先，将 *N*,*N*-二甲基甲酰胺（DMF）、无水乙醇、去离子水按体积比 1∶1∶1 的比例配制成 500mL 混合液 A 备用。其次，量取混合液 A 125mL 置于烧杯中，将称取好的 2.5g 均苯三甲酸和 5g 硝酸铜水合物[$Cu(NO_3)_2 \cdot 2.5H_2O$]分别加入，放入超声波清洗仪中超声振荡 15min。结束后将溶液转移至三口烧瓶中，放入微波合成仪，按照实验方案（表 3-3）设定实验参数，依次反应得到相应产物。最后，将产物过滤，并用 3×10mL 的 DMF 洗涤。

将产物放入无水乙醇中浸泡 3d 后过滤，放入真空干燥箱内，在 60℃条件下干燥 12h。之后配合得到产物 $Cu_3(BTC)_2$，以 S1～S12 命名，具体见表 3-3。

表 3-3 不同反应条件制备样品的实验方案

组数	样品名称	功率/W	时间/min	温度/℃
	S1		5	70
1	S2	200	10	110
	S3		15	90

续表

组数	样品名称	功率/W	时间/min	温度/℃
2	S4	500	5	110
	S5		10	90
	S6		15	70
3	S7	800	5	90
	S8		10	70
	S9		15	110
4	S10(S10′)	500	10	30—60—90
	S11(S11′)			50—70—90
	S12(S12′)			70—80—90

（2）超临界二氧化碳干燥

将所得产物放入超临界 CO_2 反应釜中，安装并确保密封性良好，连接气路、循环水，进行油浴循环升温，超临界干燥 4h，然后开始排气泄压。待反应釜降至常压，将样品取出立即进行后续表征和气体吸附测试。

图 3-2 为微波法制备 SNS@$Cu_3(BTC)_2$ 的实验流程（书后另见彩图）。实验选择在 SNS 上以 $Cu(NO_3)_2 \cdot 2.5H_2O$、均苯三甲酸、*N*,*N*-二甲基甲酰胺（DMF）为原料，采用微波法原位生长包覆 $Cu_3(BTC)_2$，通过控制不同的功率、温度、反应时间制备复合材料 SNS@$Cu_3(BTC)_2$，具体制备工艺如下。

（1） SNS 的制备

选择与第 2 章甲醇制备 SNS 相同的实验方法。

（2）制备 SNS@$Cu_3(BTC)_2$

将上述 $Cu_3(BTC)_2$ 制备方案中的混合液 A 量取 125mL 置于烧杯中，将 2.5g 均苯三甲酸、5g 硝酸铜水合物[$Cu(NO_3)_2 \cdot 2.5H_2O$]和 SNS [质量比 SNS：$Cu_3(BTC)_2$＝1：10] 分别加入烧杯中，超声 15min，充分分散均匀。将混合溶液转移至三口烧瓶中，并加入转子，将烧瓶放入微波合成仪中，按表 3-3 中的实验参数条件进行反应，产物为 S1′～S12′。待反应结束后静置，将反应产物过滤，并用 3×10mL 的 DMF 清洗产物。将最终产物在无水乙醇中浸泡 3d，过滤后放入真空干燥箱内，在 60℃条件下干燥 12h，得到 SNS@$Cu_3(BTC)_2$。

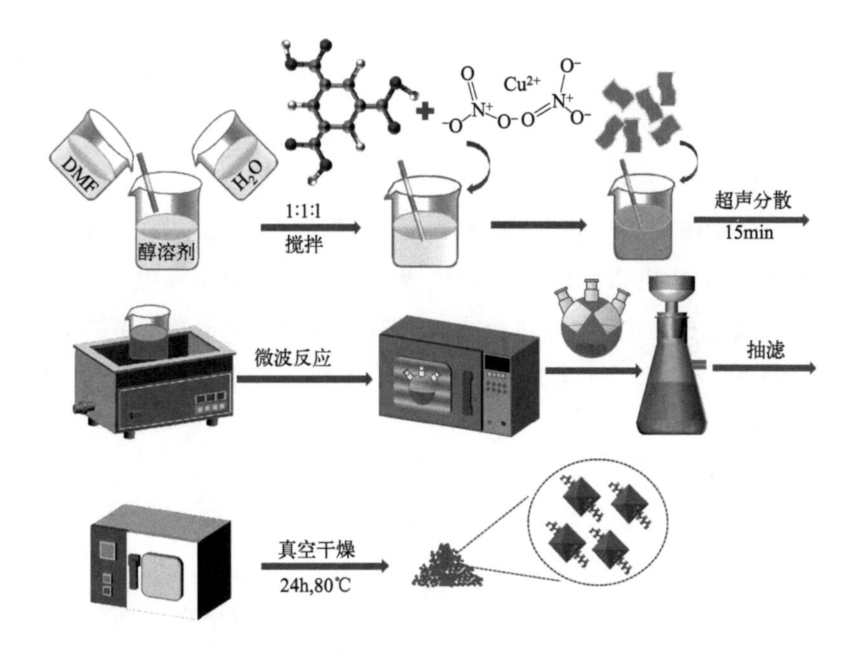

图 3-2 微波法制备 SNS@$Cu_3(BTC)_2$的流程

（3）超临界二氧化碳干燥

按照前述 $Cu_3(BTC)_2$ 的超临界二氧化碳干燥方法进行。

3.1.3 材料结构表征及性能测试

本章所进行的 X 射线粉末衍射分析（XRD）、扫描电镜分析测试（SEM）、能谱分析（EDS）、透射电子显微镜分析表征（HRTEM）、X 射线光电子能谱分析（XPS）、比表面积及孔径分析（BET）、红外光谱分析（FT-IR）、拉曼光谱分析（Raman）、高压气体吸附测试（PCT 和动力学）、样品颗粒尺寸测定等表征手段，均选用与第 2 章相同的仪器设备。

通过测定氢扩散系数（DH）分析材料的储氢性能，氢扩散系数采用电化学工作站（CHI760E，上海辰华仪器有限公司）测试，具体如下。

（1）工作电极的制备流程

工作电极为待测样品、导电剂（乙炔黑）和黏结剂（PTFE）的混合物。将三种物质按照质量比 8∶1∶1 取样之后充分研磨，然后在辊压机上压制成均匀的片，充分干燥后用泡沫镍片包裹，制成 10mm×10mm 的电极片，在 0.2MPa 的压强下保压 30s。测试前，将压好的电极片放入 KOH 电解液 (6mol/L) 中充分浸泡 4h。

（2）电化学实验装置

实验选择如图 3-3 所示的单电解池（三电极体系）进行电化学性能测试。三电极体系中工作电极为制备好的电极片，对电极为铂片电极（10mm×10mm），参比电极为饱和甘汞电极或 Ag/AgCl 电极。单电解池中的电解液为 6mol/L KOH 溶液。本实验在室温下进行，选择测试的电位范围为 0～0.38V。

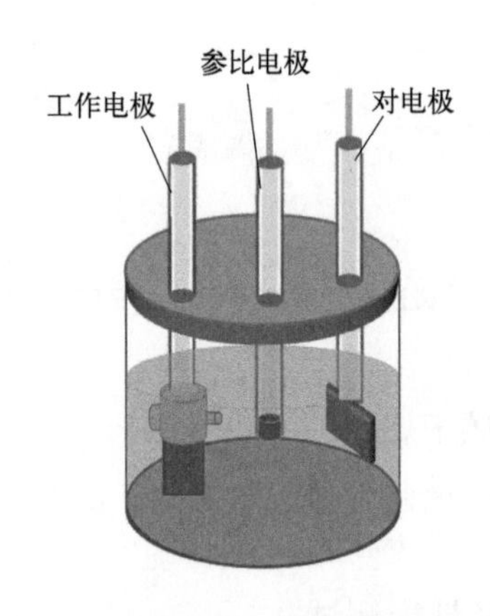

图 3-3　三电极体系的单电解池模型图

3.2 $Cu_3(BTC)_2$和 SNS@$Cu_3(BTC)_2$反应条件的确定与参数优化

3.2.1 $Cu_3(BTC)_2$和 SNS@$Cu_3(BTC)_2$的结构与形貌分析

从样品 S1～S9 的 XRD 图谱（图 3-4）中可以看出，所有方案合成的产物均符合 $Cu_3(BTC)_2$ 的特征衍射峰，但是各个晶面的结晶度略有差别。如第 1 组方案（S1～S3）选取的反应功率整体较低，虽然反应时间较长、温度较高，但是制备的样品总体结晶度较低，大衍射角度对应的部分晶面甚至没有形成，

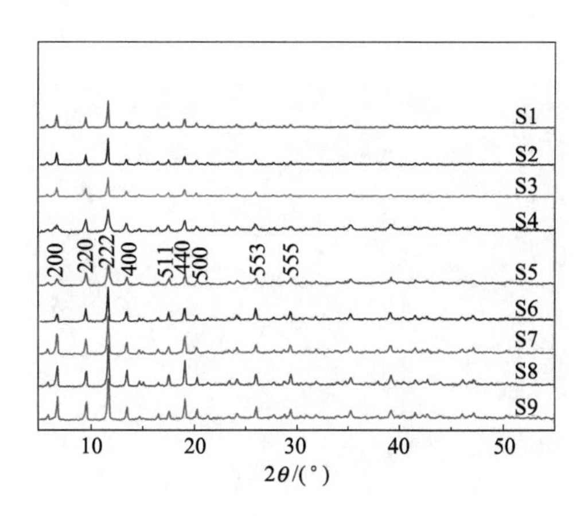

图 3-4　样品 S1～S9 的 XRD 图谱

这与 SEM 图像中[图 3-5(a)～(c)]样品的微观形貌相一致，晶体的表面呈颗粒状，说明在该条件下反应体系能量不足，晶面无法充分形成，晶粒生长不完全。当功率进一步增大到 500W、800W 时，产物 S4～S9 的各个晶面都出现了相应的衍射峰，说明功率增大后系统获得的能量升高，有利于产物的结晶。但是，从图 3-5 的（d）和（f）可以看出，虽然功率为 500W，但是 S4 的反应时间过短（5min）、S6 的反应温度较低（70℃），由于反应时间不足和系统总能量过低，晶粒仍然不能达到完全结晶。

(a) S1

图 3-5

(b) S2

(c) S3

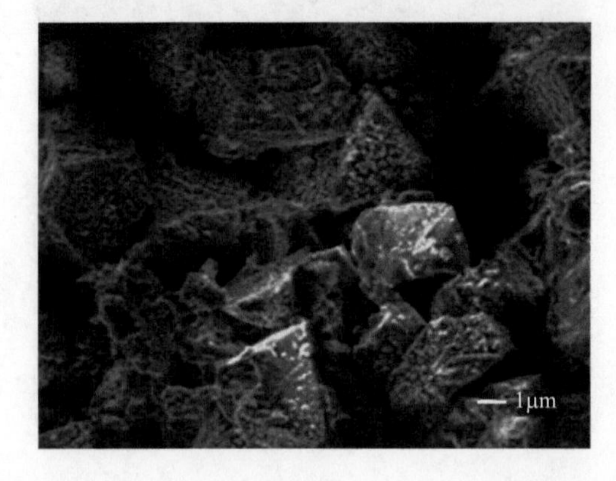

(d) S4

(e) S5

(f) S6

(g) S7

图 3-5

(h) S8

(i) S9

图 3-5 样品 S1～S9 的 SEM 图

图 3-5(e) 中样品 S5 的晶粒大小均匀，结晶充分，形貌规整，说明 S5 的反应条件较适宜。当功率为 800W 时，虽然 S7～S9 晶粒整体比较完整，结晶充分，但是却出现了不同程度的晶体弛豫、重构、晶粒融合和缺陷，这些都与反应功率过高、反应时间过长以及反应温度过高有关。

通过对比图 3-4 中各个产物 $Cu_3(BTC)_2$ 的 XRD 曲线，发现体系能量较小时，有利于指数较小的晶面生长，系统能量较高时，晶面指数较大的晶面生长得更快，因此在 S5 的反应条件（500W，10min，90℃）下，设计了三个控温梯度，通过控制反应温度来控制反应体系的总能量，实现各个晶面的充分结晶。合成 $Cu_3(BTC)_2$ 的控温梯度参数为表 3-3 中的 S10～S12，同时在 SNS 上以相同条件原位生成 $Cu_3(BTC)_2$，得到三种产物 SNS@$Cu_3(BTC)_2$，以 S10′～S12′命名。所有样品的 XRD 表征结果如图 3-6 所示。

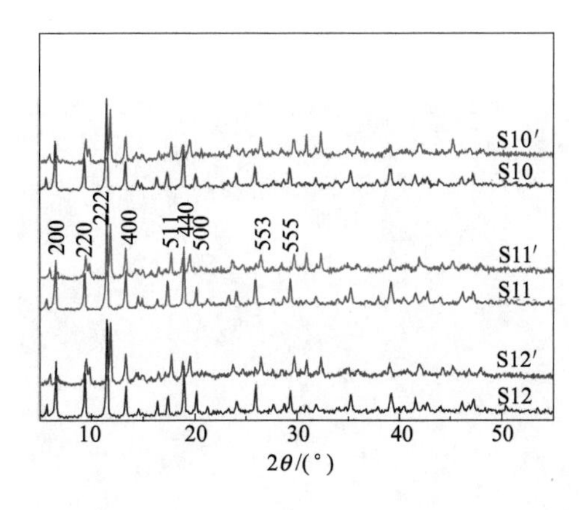

图 3-6 样品 S10～S12、S10′～S12′的 XRD 图谱

从 XRD 表征结果可以看出，三个阶梯温度制备的 $Cu_3(BTC)_2$ 和 SNS@$Cu_3(BTC)_2$ 在 6.76°、9.51°、11.65°、13.45°和 19.07°处均出现了 $Cu_3(BTC)_2$ 的 (200)、(220)、(222)、(400)、(511)、(440) 晶面，符合 $\sin 6.76°:\sin 9.51°:\sin 11.65°:\sin 13.45°:\sin 19.07°=1:\sqrt{2}:\sqrt{3}:2:\sqrt{8}$，证实样品为正八面体结构，与图 3-7 电镜下观察到的形貌一致。样品中没有检测到 CuO 和 Cu_2O，说明该方法所制备的 $Cu_3(BTC)_2$ 样品纯度高，不含杂质。复合 SNS 后，样品 S10′～S12′的衍射峰强度相对降低，出现了略微的宽化和右移，这表明 SNS 的掺入会影响 $Cu_3(BTC)_2$ 的结晶度，降低晶面间距，这一点在后续的 TEM 测试中得到进一步证实。

(a) S10

图 3-7

(b) S11

(c) S12

(d) S10′

(e) S11′

(f) S12′

图 3-7 样品 S10～S12、S10′～S12′的 SEM 图

从图 3-7(a)～(c)中可以看出，三个控温梯度制备的 $Cu_3(BTC)_2$ 晶粒结构规整。同时，复合 SNS 后的产物中可在不同位置观察到片状 SNS。样品 S10′[图 3-7(d)]的制备条件为功率 500W、反应时间为 10min、温度梯度为 30℃—60℃—90℃，温差为 30℃，所得产物中 $Cu_3(BTC)_2$ 晶粒与 SNS 完全分开，以各自独立的方式存在。这是因为反应刚开始时体系能量比较低，$Cu_3(BTC)_2$ 晶核形成、晶粒长大的速度比较慢，溶液中的离子无法克服能垒穿过 SNS 发生结合，因此产物中没有出现彼此包覆的现象，是两种物质的混合物。当温度梯度的起始温度升高，温差缩小为 20℃时，即反应温度为 50℃—70℃—90℃时，各个晶面获得适宜的形成条件，在不同阶段快速生长，

生成的产物 S11′中 SNS 像一片刀刃一样插在 $Cu_3(BTC)_2$ 晶粒内部，实现了包裹和穿插的效果。当温差继续缩小到 10℃，梯度温度的起点上升为 70℃时，采用 70℃—80℃—90℃制备的样品，SNS 出现在 $Cu_3(BTC)_2$ 晶粒的表面，这是因为反应一开始时体系能量较大，溶液中晶核快速形成并迅速长大，离子以局部结合的方式反应，片层的 SNS 更多出现在晶粒的表面。

图 3-8 为样品 S10～S12、S10′～S12′的红外光谱 FT-IR（a）和拉曼光谱 Raman（b）分析。从图 3-8(a）中可以看出，样品 S10～S12 的红外光谱线基本一致，样品 S10′～S12′的红外光谱曲线中，除了出现 $Cu_3(BTC)_2$ 的官能团振动峰外，还出现了 SNS 中官能团的振动峰，分别对应官能团 Si—O—Si、SiH_2/SiOH、SiO、SiH。结合 XRD 的分析结果（图 3-6），表明 SNS 上原位

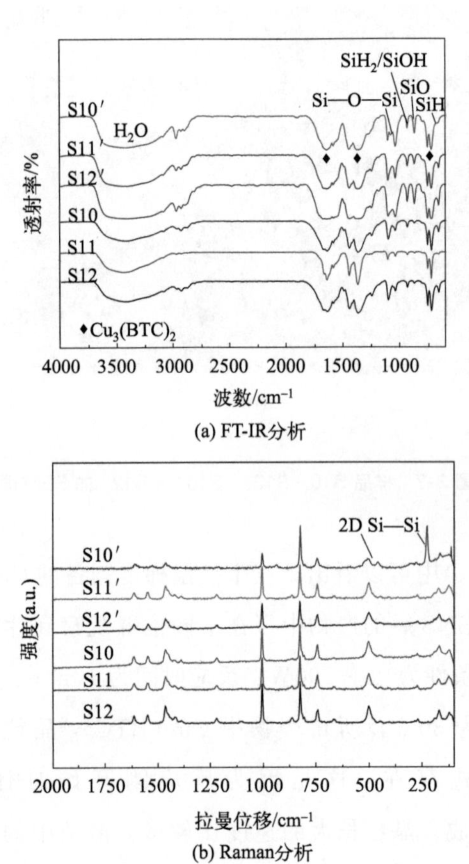

(a) FT-IR分析

(b) Raman分析

图 3-8 样品 S10～S12、S10′～S12′的 FT-IR和 Raman 分析

包覆 $Cu_3(BTC)_2$ 的产物制备成功。从图 3-8(b) 的拉曼光谱中可以看出，样品 S10′的曲线中出现了 SNS 对应的 2D Si—Si 振动峰，而 S11′和 S12′样品中并没有出现，与 S10～S12 的拉曼测试结果无很大差异，这也与 SEM[图 3-7(d)]中 S10′样品含有独立 SNS 的结论一致。

3.2.2 $Cu_3(BTC)_2$和 SNS@$Cu_3(BTC)_2$的比表面积与孔径分布分析

图 3-9 为样品 S10～S12、S10′～S12′的吸脱附等温曲线和孔径分布图。从图 3-9(a) 中可以看出，样品 S10、S12 及 S10′、S11′、S12′的吸脱附等温曲线属于 IUPAC 吸脱附等温曲线的Ⅰ型，当相对压力即 $P/P_0>0$ 时，吸附量随着压强的增加而急剧增大，这是由于孔道对 N_2 进行物理吸附时，孔道被大量 N_2 分子填充。当 $P/P_0>0.01$ 时，吸附量随着相对压力的增加而缓慢增加，这是由于 N_2 在微孔内部含量过多而造成一定阻力，使得后续的 N_2 进入困难而减缓了压力的增速[14]。当 $P/P_0=1.0$ 时达到最大值，此时孔道内部 N_2 吸附量达到饱和。同时，图中 $Cu_3(BTC)_2$ 的脱附曲线与吸附曲线基本重合，说明在吸脱附过程中，材料的结构稳定性好，在高压区未出现 N_2 的脱附延迟，证明复合材料是微孔结构。从 S11 部分放大图[图 3-9(b)]中可以明显看出，样品 S11 在高压区出现微小的滞后环，这是由于毛细管凝聚作用使 N_2 分子冷凝填充了材料内部的介孔孔道[14]，结合图 3-9(c) 中的孔径分布曲线，可以看出 S11 是一种含有介孔和微孔两种孔的多孔材料。

从图 3-9(c) 的孔径分布曲线中可以看出，S10、S12 的孔径分布集中在 3～4nm 之间，属于介孔材料；而与 SNS 复合以后，产物 S10′、S12′的孔径在 1～1.5nm 之间，S11′的孔径则在 0.5～1nm 范围，均属于微孔材料。据很多文献报道，$Cu_3(BTC)_2$ 中存在两种孔径分别是 0.9nm 和 0.5nm 的微孔，其中 0.5nm 的微孔与氢分子直径相当，会引起孔壁的势场能量叠加，与氢气分子的相互作用更强。本实验中，$Cu_3(BTC)_2$ 与 SNS 复合后，材料中 0.5nm 的小孔数量增大，有利于氢原子的吸附，获得较高的吸附容量。这一结论在后续 PCT 试验中得到进一步证实。

通过对比表 3-4 中 S10～S12、S10′～S12′的比表面积测试结果可知，虽然所有样品（S10～S12）的比表面积均小于 $Cu_3(BTC)_2$ 的理论值 $1781m^2/g$，但是其中 S11 的比表面积最大，达到了 $1525m^2/g$，与已报道的 Cu_3

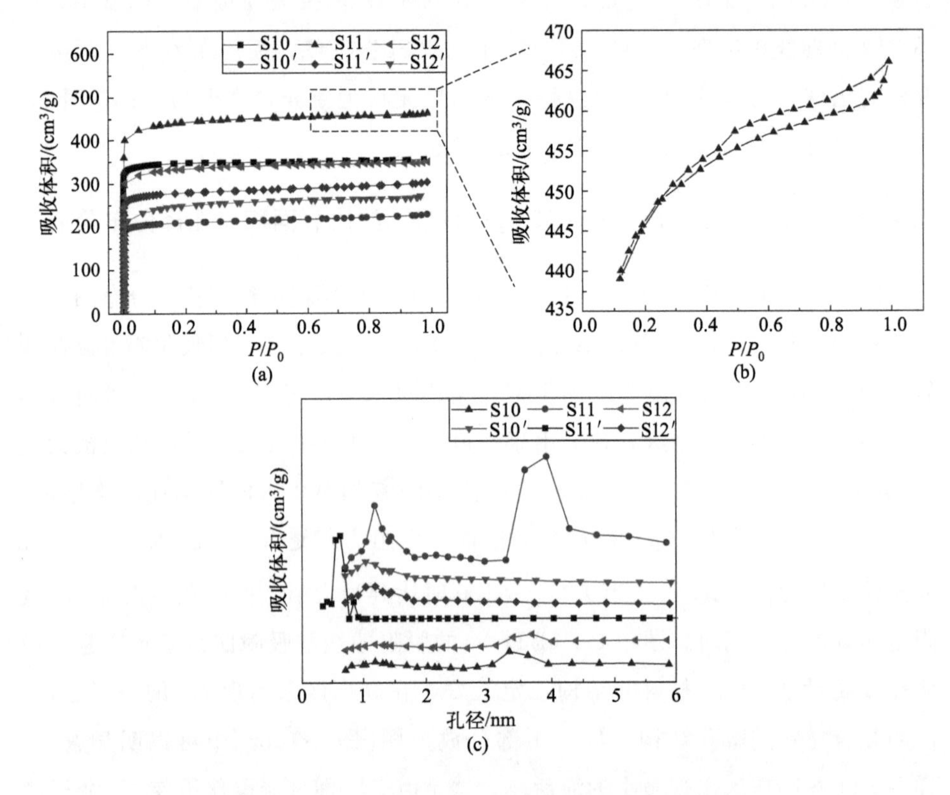

图 3-9　S10～S12、S10′～S12′的吸脱附等温曲线和孔径分布图

(a) S10～S12、S10′～S12′的吸脱附曲线；(b) S11 部分放大图；(c) 孔径分布对比

$(BTC)_2$ 数值相近，其中除了比较适宜的合成条件以外，超临界 CO_2 干燥法也起到了很重要的作用。该方法能够非常有效地去除客体分子，减少了残余溶剂分子在多孔材料内部的占位，在保证材料结构不坍塌的同时获得较大的比表面积，这点与许多报道中的结论是一致的[25-27]。S10～S12 在与 SNS 复合后，比表面积和孔径均有所减小，原因是金属离子 Cu^{2+} 和配体 BTC 在 SNS 上原位合成三维骨架材料 $Cu_3(BTC)_2$，产物中片层的 SNS 位于 $Cu_3(BTC)_2$ 的表面或者内部，必然会占据内部的部分空间，堵塞晶体内部的部分孔道，导致复合产物 SNS@$Cu_3(BTC)_2$ 的比表面积和孔容下降，孔径分布从较大的介孔变为较小的微孔。其中 S11′中的 SNS 像刀片一样插在 $Cu_3(BTC)_2$ 的内部，最大限度地堵塞了晶粒内部结构，因此比表面积降幅最大（1525m^2/g vs. 875m^2/g），但是复合使得 S11′中 0.5nm 的微孔数量增加，

这对于提高氢分子的结合能力和氢吸附量十分有益。

表 3-4 S10～S12、S10′～S12′的比表面积测试结果

样品	$S_{BET}/(m^2/g)$	$V_{pore}/(cm^3/g)$
理论值	1781	0.83
S10	794	0.38
S11	1525	0.71
S12	674	0.33
S10′	524	0.28
S11′	875	0.41
S12′	461	0.26

3.2.3 $Cu_3(BTC)_2$和 SNS@$Cu_3(BTC)_2$的电化学性能测试与分析

本实验采用循环伏安法测量样品的氢扩散系数，通过氢扩散系数来判定材料储氢性能的优劣。储氢电极充电时，KOH 电解液分解为 OH^- 和 H^+，生成的 H^+ 迁移到工作电极上，吸附在样品表面。在放电过程中，H_2 分子从工作电极上迁移，在碱性环境中失去电子形成水。整个反应过程可以用下式表示：

$$H_2O+e^- \longrightarrow OH^- + H \tag{3-1}$$

使用该方法需要提前判定材料是否为完全可逆体系。具体判定方法：通过在相同参数下设置不同扫描速率，观察扫描速率增大时峰值电流 I_p 是否右移。当峰值电流 I_p 向正方向移动时，则该材料为完全可逆体系，否则为不完全可逆体系[28]。当电位扫描速度不是很小时，两种体系的 CV 曲线的峰值电流和扫描速率在标准状态下的关系满足如下关系式：

可逆体系：

$$I_p=(2.69\times10^5)n^{3/2}AC_0v^{1/2}D_H^{1/2} \tag{3-2}$$

不可逆体系：

$$I_p=(2.99\times10^5)n(\beta n_\beta)^{1/2}AC_0v^{1/2}D_H^{1/2} \tag{3-3}$$

式中 D_H——氢扩散系数，cm^2/s；

v——扫描速率，v/s；

I_p——峰值电流，A；

A——所制备的电极片实际面积，m^2；

β——交换系数；

n_β——反应过程中物质中转移的电子数；

C_0——电解液浓度；

n——测试时电子转移数（本实验中 $n=1$）。

样品 S10～S12 和 S10′～S12′的循环伏安曲线及氢扩散系数拟合直线如图 3-10 所示。本实验选择测试电位范围 0～0.38V，扫描速率为 0.01v/s、0.05v/s、0.08v/s。在不同的扫描速率下测定循环伏安曲线，以扫描速率 $v^{1/2}$ 为横坐标、峰值电流 I_p 为纵坐标，绘制 I_p-$v^{1/2}$ 散点图，然后通过线性拟合求出直线的斜率 k。由式(3-2) 可以推导出直线斜率 k 和氢扩散系数 D_H 的关系式 $k=(2.69\times10^5)n^{3/2}AC_0D_H^{1/2}$，计算出氢扩散系数 D_H。拟合直线的斜率 k、氢扩散系数 D_H 的详细数值见表 3-5。由于电子的扩散过程受很多因素影响，相对误差较大，因此得到的扩散系数只适合定性比较。

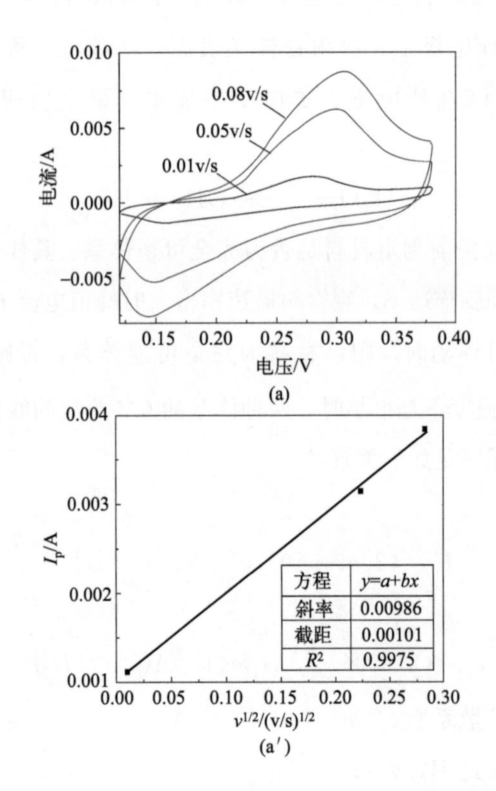

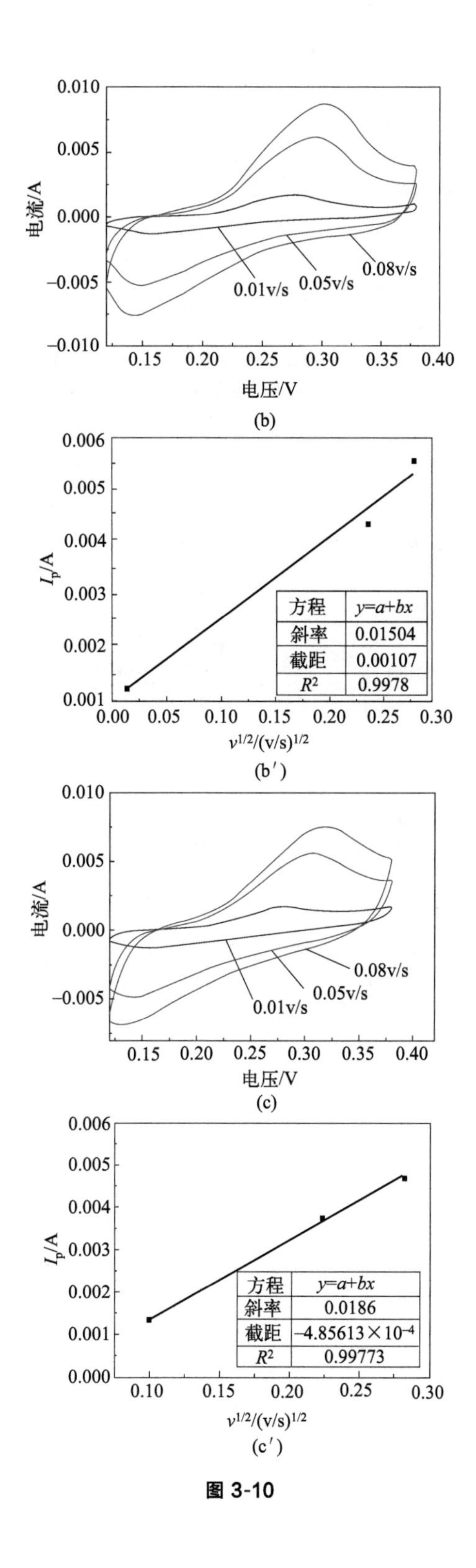
0.010
0.005
0.000
−0.005
−0.010
电流/A
0.15 0.20 0.25 0.30 0.35 0.40
电压/V
0.01v/s
0.05v/s
0.08v/s
(b)
0.006
0.005
0.004
0.003
0.002
0.001
I_p/A
0.00 0.05 0.10 0.15 0.20 0.25 0.30
$v^{1/2}$/(v/s)$^{1/2}$
方程 | $y=a+bx$
斜率 | 0.01504
截距 | 0.00107
R^2 | 0.9978
(b′)
0.010
0.005
0.000
−0.005
电流/A
0.15 0.20 0.25 0.30 0.35 0.40
电压/V
0.01v/s
0.05v/s
0.08v/s
(c)
0.006
0.005
0.004
0.003
0.002
0.001
0.000
I_p/A
0.10 0.15 0.20 0.25 0.30
$v^{1/2}$/(v/s)$^{1/2}$
方程 | $y=a+bx$
斜率 | 0.0186
截距 | -4.85613×10^{-4}
R^2 | 0.99773
(c′)

图 3-10

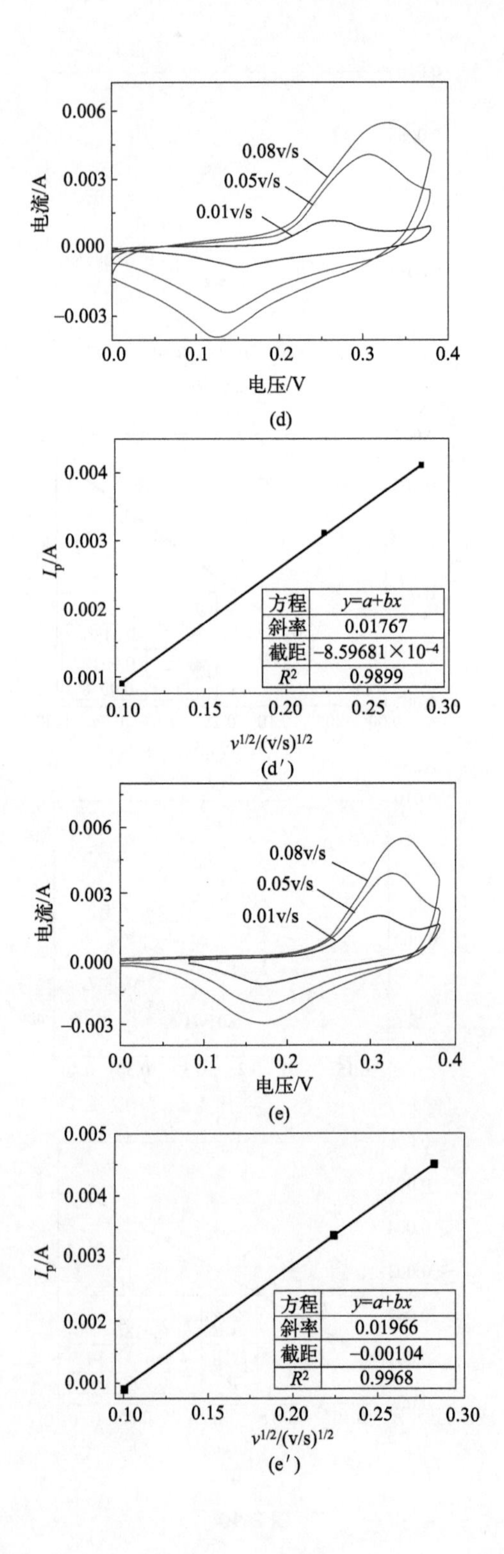
0.006
0.003
0.000
−0.003
电流/A
0.08v/s
0.05v/s
0.01v/s
0.0
0.1
0.2
0.3
0.4
电压/V
(d)
0.004
0.003
0.002
0.001
I_p/A
方程 y=a+bx
斜率 0.01767
截距 −8.59681×10⁻⁴
R^2 0.9899
0.10
0.15
0.20
0.25
0.30
$v^{1/2}/(v/s)^{1/2}$
(d′)
0.006
0.003
0.000
−0.003
电流/A
0.08v/s
0.05v/s
0.01v/s
电压/V
(e)
0.005
0.004
0.003
0.002
0.001
I_p/A
方程 y=a+bx
斜率 0.01966
截距 −0.00104
R^2 0.9968
$v^{1/2}/(v/s)^{1/2}$
(e′)

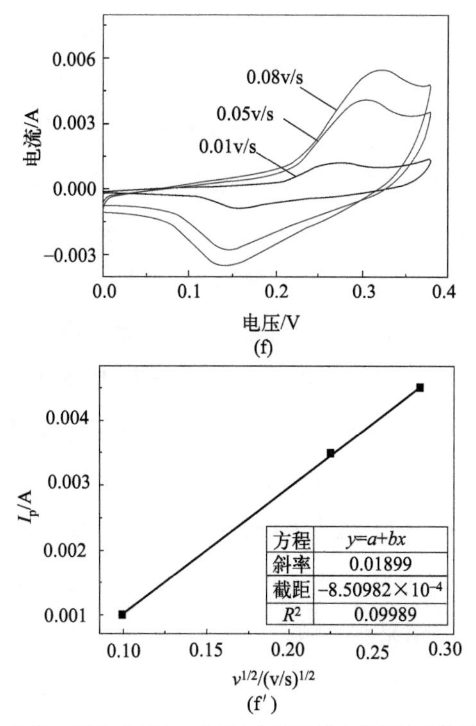

图 3-10　样品 S10～S12、S10′～S12′的循环伏安曲线及氢扩散系数拟合直线

(a)，(a′) S10；(b)，(b′) S11；(c)，(c′) S12；(d)，(d′) S10′；(e)，(e′) S11′；(f)，(f′) S12′

表 3-5　不同程序控温条件下的实验数据

阶梯控温/℃	样品	k	$D_H/(cm^2/s)$
30—60—90	S10	0.00986	1.03930×10^{-8}
	S10′	0.01504	9.59694×10^{-8}
50—70—90	S11	0.01504	6.66454×10^{-8}
	S11′	0.01966	1.06929×10^{-7}
70—80—90	S12	0.01860	2.87966×10^{-8}
	S12′	0.01767	9.24828×10^{-8}

从表 3-5 中可以看出，未复合的 $Cu_3(BTC)_2$ 样品 S10～S12 比复合样品 S10′～S12′的氢扩散系数要小，即 $Cu_3(BTC)_2$ 与 SNS 复合后氢扩散系数有所增大。其中当温控条件为 50℃—70℃—90℃时，复合样品 S11′的氢扩散系数 D_H 增幅最大，由 10^{-8} 增大到 10^{-7}，涨幅达 64%，储氢性能有较大的提高，说明 50℃—70℃—90℃时制备的复合材料 S11′有较优良的储氢性能。扩散系数是衡量扩散物质扩散程度的物理量，是指单位时间内垂直通过单位面积的气

体量的大小，通常与扩散物质、介质种类以及扩散条件（温度和压力）有关[29]。经过与 SNS 复合，样品形成了小尺寸的孔道，并且，SNS 在 $Cu_3(BTC)_2$ 晶粒之间形成贯通，为氢分子提供了可吸附的孔洞和可移动的空间，因此氢扩散能力得到大幅提高，这点与之前报道的结论是一致的[30,31]。

为了进一步明确产物电荷迁移速率，采用电化学站对 SNS、样品 S11 和样品 S11′进行电化学阻抗谱（EIS）测试，结果如图 3-11 所示。测试频率为 0.01～100kHz，幅值为 5mV。EIS 包括高频电弧、中频电弧和低频斜线。一般认为，高频区域的电抗电弧是由集电极与材料电极之间的阻抗和电容引起的，中频区域的电抗电弧是由电极/电解质界面的电荷迁移过程引起的[32-37]。如图 3-11 所示，在 SNS 表面生长 $Cu_3(BTC)_2$ 后，中频区域的大圆半径明显减小，这说明材料表面电荷迁移阻力减小，电荷迁移速率增大[33]。此外，电催化反应比表面积和电极反应活性提高，材料的储氢容量也明显提高[34,35]。这与氢扩散系数的测试结果相一致。

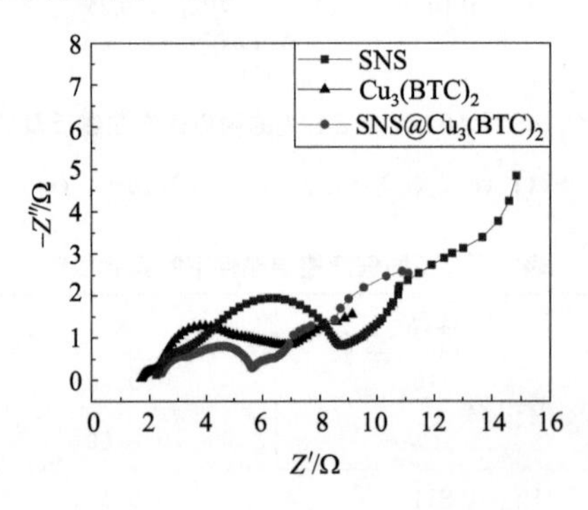

图 3-11 SNS、S11、S11′的阻抗曲线

3.3 $Cu_3(BTC)_2$和 SNS@$Cu_3(BTC)_2$气态储氢性能分析

3.3.1 $Cu_3(BTC)_2$和 SNS@$Cu_3(BTC)_2$储氢热力学性能分析

由热力学原理可知，系统的 $\Delta G<0$。当温度降低时，气体分子的动能减小，因此吸附量随温度的降低而增加，气体分子吸附在固体表面，系统的混乱度减小，即系统的熵在减小，故吸附过程的 $\Delta S<0$。根据 $\Delta G=\Delta H-T\Delta S$ 可得，物

理吸附过程的 $\Delta H<0$，即吸附热为正值，因此物理吸附是放热过程，低温有助于物理吸附的进行。如图 3-12 所示，所有样品在 77K、273K 和 293K 的条件下进行吸放氢测试，当温度为 77K 时，接近气体液化点，气体分子动能最小，利于系统放热，因此吸附量达到最大。相反，随着温度上升，不利于系统放热，气体分子动能逐渐增大，吸附能小于分子动能，气体分子易发生脱附。

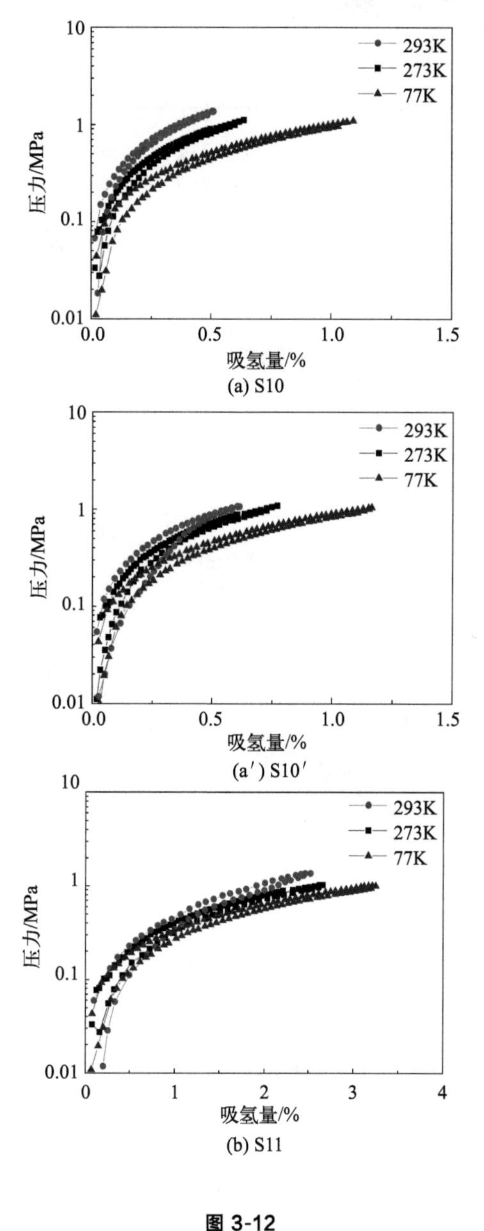

图 3-12

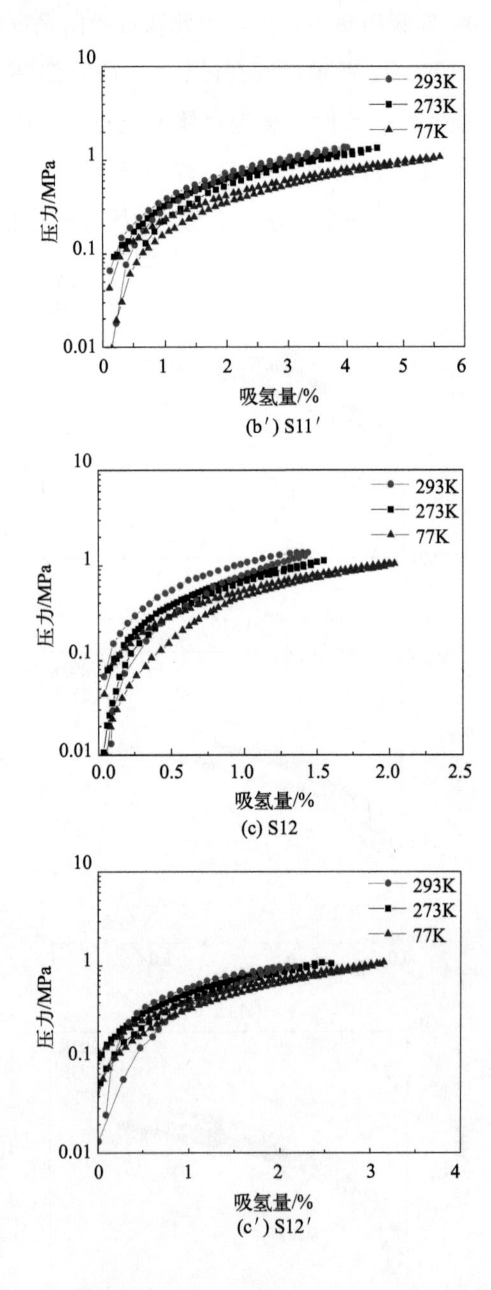

图 3-12 样品 S10～S12、 S10′～S12′的 PCT 测试曲线

不同样品 PCT 测试的吸氢量如表 3-6 所列。从表 3-6 所列出的吸氢量数据可以看出，样品 S10～S12 与 SNS 复合后，产物 S10′～S12′的氢吸附性能

都有所提高，而且S11′的氢吸附能力最大，达到了5.60%（质量分数）。结合前面SEM和BET的分析结果，说明SNS位于$Cu_3(BTC)_2$晶粒内部，形成大量0.5nm的小孔，有利于氢气分子在材料内部的吸附[38]，与氢扩散系数的测试结果一致。而S10′和S12′的性能虽然也有提高，但吸附量相对不太高，说明SNS与$Cu_3(BTC)_2$晶粒的结合位置对材料储氢性能有很大的影响。

表3-6 不同样品PCT测试的吸氢量

阶梯控温/℃	样品编号	样品吸氢量(质量分数)/%		
		77K	273K	293K
30—60—90	S10	1.12	0.63	0.48
	S10′	1.20	0.82	0.64
50—70—90	S11	3.37	2.80	2.62
	S11′	5.60	4.57	4.10
70—80—90	S12	2.11	1.56	1.49
	S12′	3.21	2.68	2.20

3.3.2 $Cu_3(BTC)_2$和SNS@$Cu_3(BTC)_2$储氢动力学性能分析

图3-13是样品S10～S12、S10′～S12′在77K、273K和293K，以及4MPa压力下的吸氢动力学曲线。

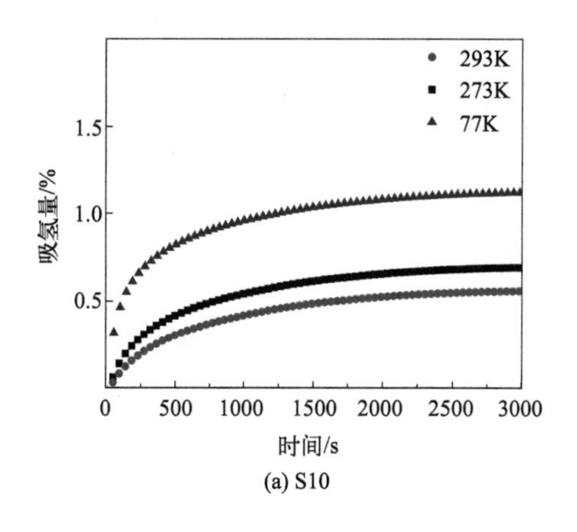

(a) S10

图3-13

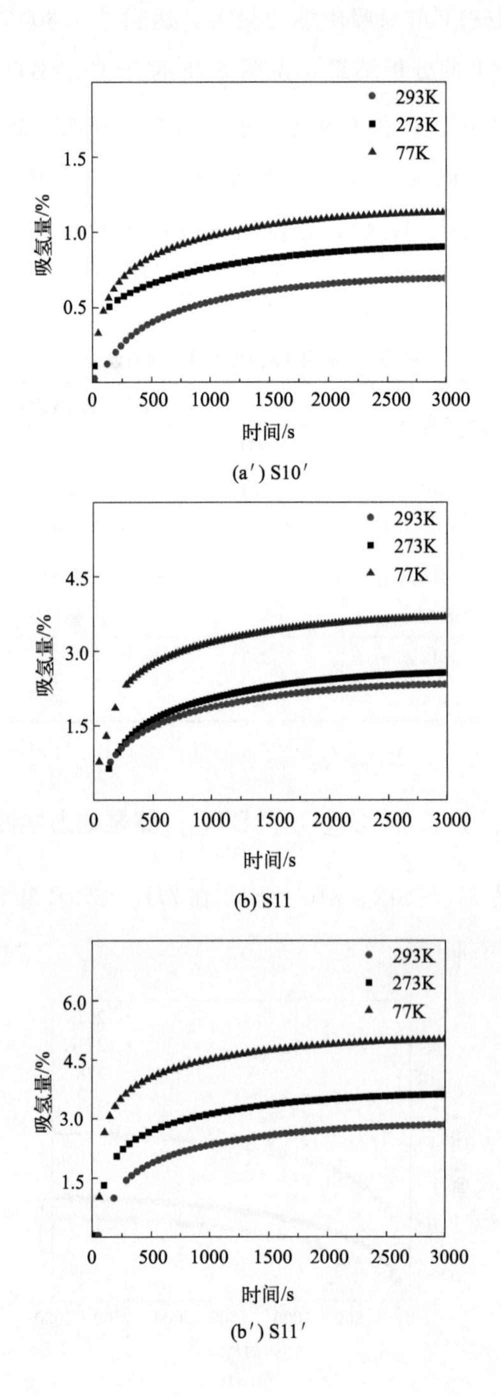

(a′) S10′

(b) S11

(b′) S11′

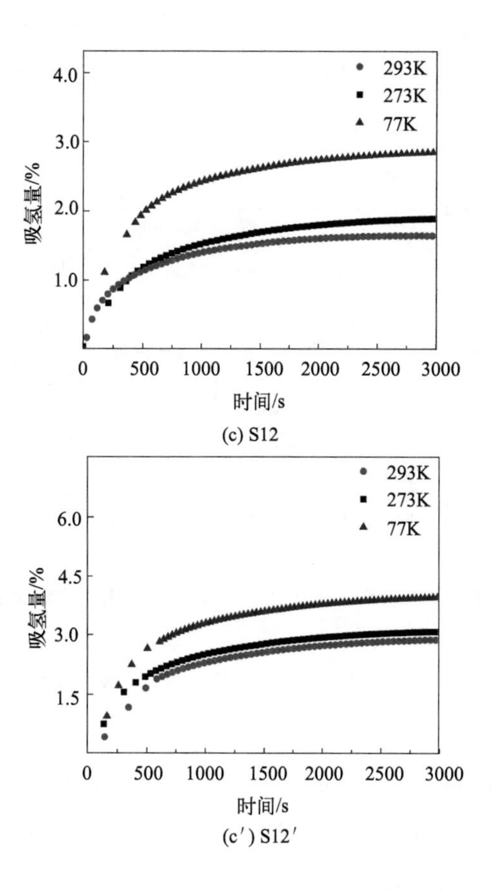

图 3-13 样品 S10～S12、S10′～S12′的吸氢动力学曲线

从图 3-13 中可以看出，样品 S10～S12 在与 SNS 复合后，饱和吸氢速率均得到提高，所有样品均在 77K 表现出良好的氢吸附量和较大的吸氢速率，与 PCT 测试结果相同。其中 S11′氢吸附量最大，吸附速率最高，在 1000s 左右达到最大氢吸附量的 90%，与 S10～S12、S10′和 S12′相比，饱和时间最短，动力学性能最佳。

3.4 $Cu_3(BTC)_2$原位复合改善 SNS 储氢性能的机理分析

通过将二维材料与三维材料相结合，如片层石墨烯、MoS_2 等材料与三维多孔材料活性炭、(类) 沸石、MOFs 等相结合，在锂离子电池、化学催化转化、环保等方面取得了不错的性能[15-27]。样品 S10～S12、S10′～S12′均在 77K 时表现出最佳储氢性能，选择 77K 时 6 个样品的氢吸附量、氢吸附达到稳态的时间作图，如图 3-14 所示。

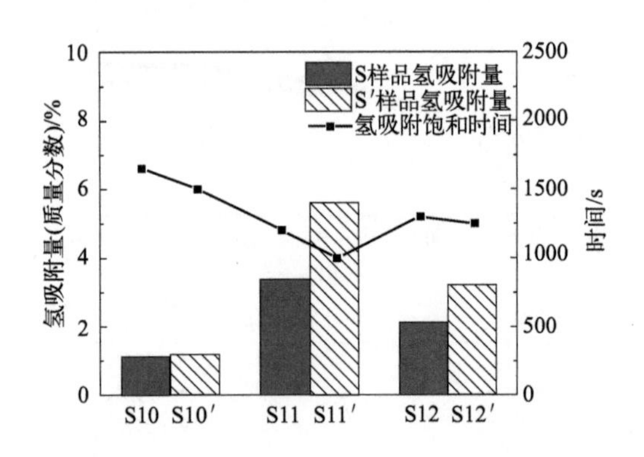

图 3-14 77K 时样品 S10～S12、S10′～S12′的氢吸附性能

从图 3-14 中可以看出，样品 S10′～S12′的氢吸附量均大于 S10～S12，氢吸附饱和时间均比未复合样品的时间短，说明在二维 SNS 表面原位合成三维框架材料 $Cu_3(BTC)_2$，是一种将二维材料与三维材料复合的有效手段，显著改善了材料的氢吸附性能。本节将从材料结构、孔径分布、电子结构、化学反应等方面对吸附机理进行详细分析。

3.4.1 材料结构对 SNS@$Cu_3(BTC)_2$储氢性能的影响

由前述氢扩散系数、PCT 测试和吸氢动力学性能的结果可以得知，以 500W、10min、温差 20℃的反应条件，在 SNS 上原位合成 $Cu_3(BTC)_2$ 制备的样品 S11′具有最佳的氢吸附性能，与已有文献报道的其他 MOFs 材料的氢存储容量的对比数据见表 3-7。

表 3-7 不同 MOFs 材料的氢存储容量

主要材料	储氢量(质量分数)	条件	参考文献
$Cu_3(BTC)_2$	1.6%	77K/30bar	[35]
MOF-5	3.6%	77K/1.74MPa	[39]
MIL-101	1.91%	77K/1bar	[40]

续表

主要材料	储氢量(质量分数)	条件	参考文献
UiO-66	5.1%	77K/100bar	[41]
Be-BTB	2.3%	293K/100bar	[42]
MOF-505	2.47%	77K/20bar	[43]
Pd-HNTs-MOFs	0.32%	298K/2.65MPa	[44]
$[Sc(TDA)(OH)]\cdot(H_2O)_2$	4.44%	298K/20bar	[45]
Fe-1,3,5-苯并三唑酯	4.1%	77K/95bar	[46]
SNS@$Cu_3(BTC)_2$	5.6%	77K/4MPa	本工作

根据样品 S11′在 77K 的等温氢吸附数据进行拟合，拟合曲线如图 3-15 所示。拟合结果表明，S11′在 77K 时氢吸附等温数据符合 Langmuir-Freundlich 模型，而且拟合曲线呈凸型，这说明氢气分子在复合材料的表面和孔道中为单层吸附。吸附客体物质在吸附体表面的吸附过程包含四个环节：一是外扩散过程，即吸附客体通过分子扩散和对流扩散，穿过边界层传递到吸附剂外表面，完成外扩散；二是内扩散过程，即吸附质通过孔扩散从吸附剂的外表面传递到微孔结构的内表面，完成内扩散；三是吸附质沿着内孔表面的扩散；四是吸附质被吸附在孔表面[29]。物理吸附中，吸附速率依赖于吸附客体分子与孔表面的碰撞次数和取向，吸附速率主要由前三步控制，统称为扩散过程[29]。

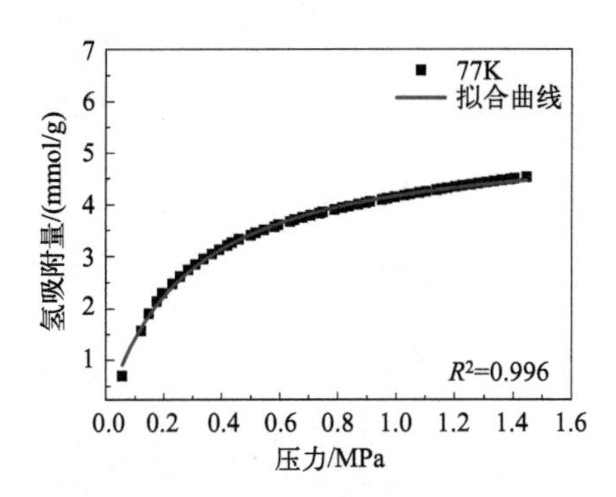

图 3-15 样品 S11′在 77K 时氢吸附等温数据 Langmuir-Freundlich 拟合曲线

图 3-16 为 S11 和 S11′的透射电镜图。从图中可以清晰地看出，SNS@$Cu_3(BTC)_2$ 中的 SNS 仍然保持厚度很薄、透明且含有部分褶皱的原始形貌，并未在 $Cu_3(BTC)_2$ 原位合成中受到破坏，说明 SNS 的化学结构十分稳定，这点

是非常重要的。图 3-16(b) 中一片尺寸较大的 SNS，一部分像刀片一样插在 $Cu_3(BTC)_2$ 晶粒内部，另一部分裸露在晶粒外面，与旁边的晶粒相连接，实现了晶粒之间的贯通，与前面图 3-7 中 SEM 展示的形貌类似。这样的内部结合和外部贯通虽然降低了产物的比表面积和孔容，但是使得材料内部的孔洞从较大的介孔变为较小的微孔。物理吸附的分子模拟和实验都表明，氢在多孔材料上的吸附主要是通过氢分子的部分缩合而实现的，窄孔与氢分子的相互作用更强，这是由于孔壁相反表面的势场重叠，从而导致更高的氢吸收率，具有与氢分子直径相当孔径的 MOFs 由于位场的重叠与氢有更强的相互作用，复合材料中小于 2nm 的小孔对吸附氢气分子是非常有利的，可以有效提高材料的氢吸附能力[38]。

(a) S11

(b) S11′

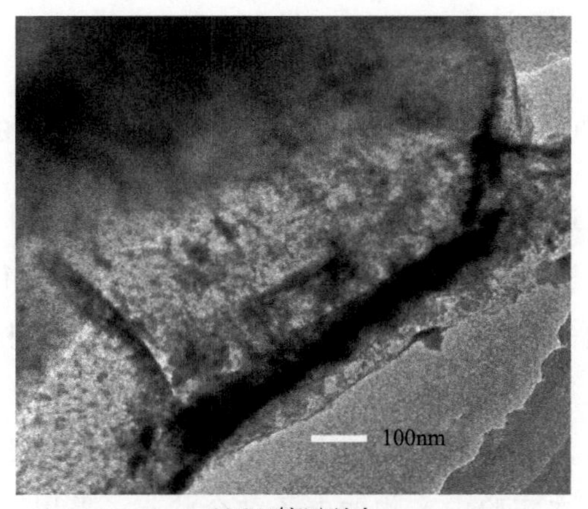

(c) S11′部分放大

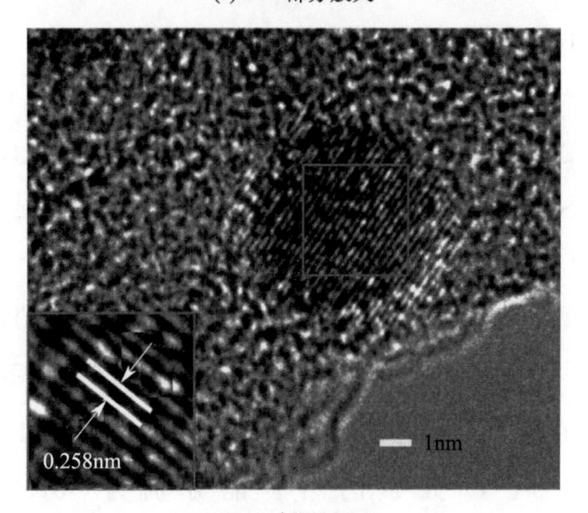

(d) S11′晶格测量

图 3-16 样品 S11、S11′的 TEM 图像

贯通的 SNS 在晶粒之间起到“桥接”作用，Si 的 s、p 轨道与氢气分子中 H 的 s、p 轨道会发生一定程度的杂化作用，促使 H_2 的氢键键长在吸附过程中小幅度增加，使得 H_2 在硅基纳米片表面不会发生解离。而且，SNS 层间相互作用的范德华力可使 H_2 在材料层间自由移动，为氢分子开拓孔扩散通道，既提供了从外表面进入微孔结构内表面的通道，又增加了吸附质在内孔表面的扩散能力，加速了控制扩散过程的两个主要步骤。因此，$Cu_3(BTC)_2$ 晶粒在复合后，即使产物的比表面积和孔容减小，但吸附氢分子的能力却得到很大提高。然而，并不是 SNS 的复合量越大越好，对于多

孔材料而言，通过改性增加氢和吸附剂之间的相互作用，同时保持材料的比表面积，是非常必要的。

3.4.2 SNS@$Cu_3(BTC)_2$的电子状态对材料储氢性能的影响

之前的研究报道表明，MOFs 材料中的不饱和金属位对氢气分子有较强的吸附力，可以有效增大材料与氢气分子间的物理力，因而得到较高的氢吸附量。人们往往采用多种方法引入大量活性位点，或者使材料内部暴露更多不饱和金属位点，都取得了良好的效果[32-37]。$Cu_3(BTC)_2$ 作为一种含有大量不饱和金属位点的代表，结构稳定性好，在氢气吸附领域一直吸引着大量学者的目光[5-11]。为了研究本实验中产物的电子结合状态，采用 X 射线光电子能谱（XPS）对样品 S11、S11′进行表征，结果见图 3-17。

通过对比图 3-17(a) 和 (b) 发现，样品中 Cu $2p_{1/2}$ 和 Cu $2p_{3/2}$ 的结合能均在 SNS 复合后发生左移，即与 SNS 的复合使得 Cu 2p 电子结合能增大。图 3-17(c)、(e) 是 SNS 中 Si 和 O 元素的电子结合状态，结果表明 Si 元素在 103.6eV、102.8eV、102eV 和 99.7eV 处分别出现了 Si^{4+}、Si^{3+}、Si^{2+} 和 Si^{1+} 的特征谱峰，O 元素则与 Si 元素相结合，形成 $Si(—O)_4$、$Si(—O)_2$ 和 $Si(—OH)_x$ 化合物，以 Si 的氧化物和硅氧烷的形式存在。图 3-17(d) 和 (f) 显示了 S11′中 Si 的结合能位于 103.1eV、101.9eV 和 101.67eV，分别对应 Si^{4+}、Si^{3+} 和 Si—Si，O 元素的结合能分别为 531.3eV、531.7eV 和 532.3eV，对应于 $Si(—OH)_x$、$Si(—O)_2$ 和 $Si(—O)_4$，说明产物中 Si 的结合能降低，低价氧化态的含量增加，高价氧化态的含量降低。XPS 测试结果表明，SNS 与 $Cu_3(BTC)_2$ 晶粒的原位复合降低了产物中 Si 元素的电子结合能，使得低价氧化态的含量增加；同时增加了 Cu 2p 的电子结合能，这说明在复合的过程中 Cu 向 Si 发生了电子转移，造成了 Cu 外层电子密度的降低和 Si 的结合能增大。这种电子转移使得 $Cu_3(BTC)_2$ 不饱和金属活性位点增多，模拟计算、中子衍射和红外光谱的测试结果都证明不饱和活性位点与氢分子具有强相互作用[26-30]，因此，这些活性位点在吸附气体分子的过程中扮演着重要的角色，活性位点的增多会增强材料与氢分子之间的范德华力，直接表现为材料对氢的吸附能力增强。

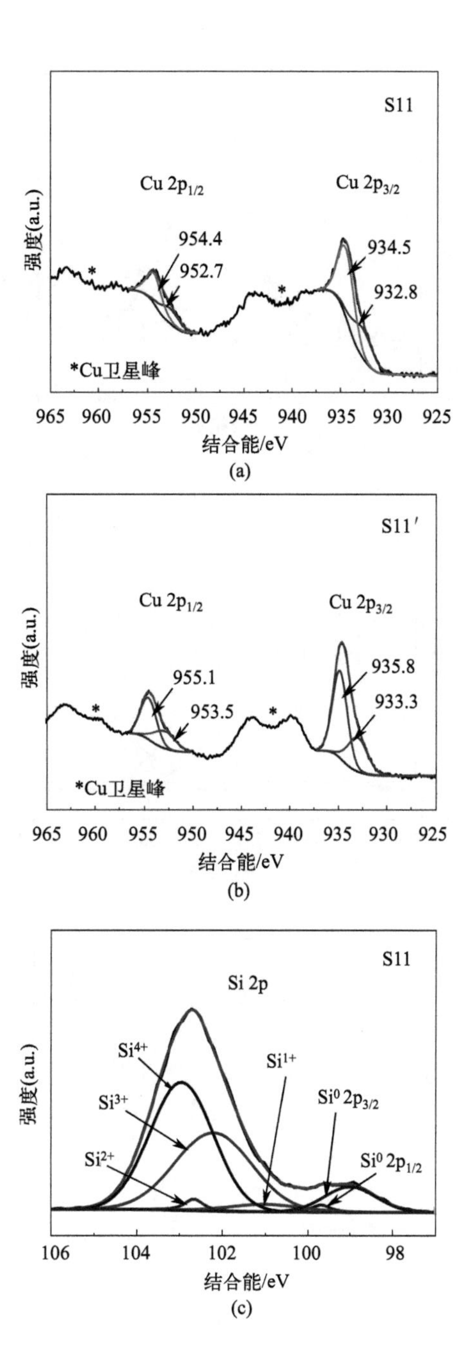
S11
Cu 2p1/2
Cu 2p3/2
954.4
952.7
934.5
932.8
*Cu卫星峰
强度(a.u.)
965 960 955 950 945 940 935 930 925
结合能/eV
(a)
S11′
Cu 2p1/2
Cu 2p3/2
955.1
953.5
935.8
933.3
*Cu卫星峰
强度(a.u.)
965 960 955 950 945 940 935 930 925
结合能/eV
(b)
S11
Si 2p
Si4+
Si3+
Si2+
Si1+
Si0 2p3/2
Si0 2p1/2
强度(a.u.)
106 104 102 100 98
结合能/eV
(c)

图 3-17

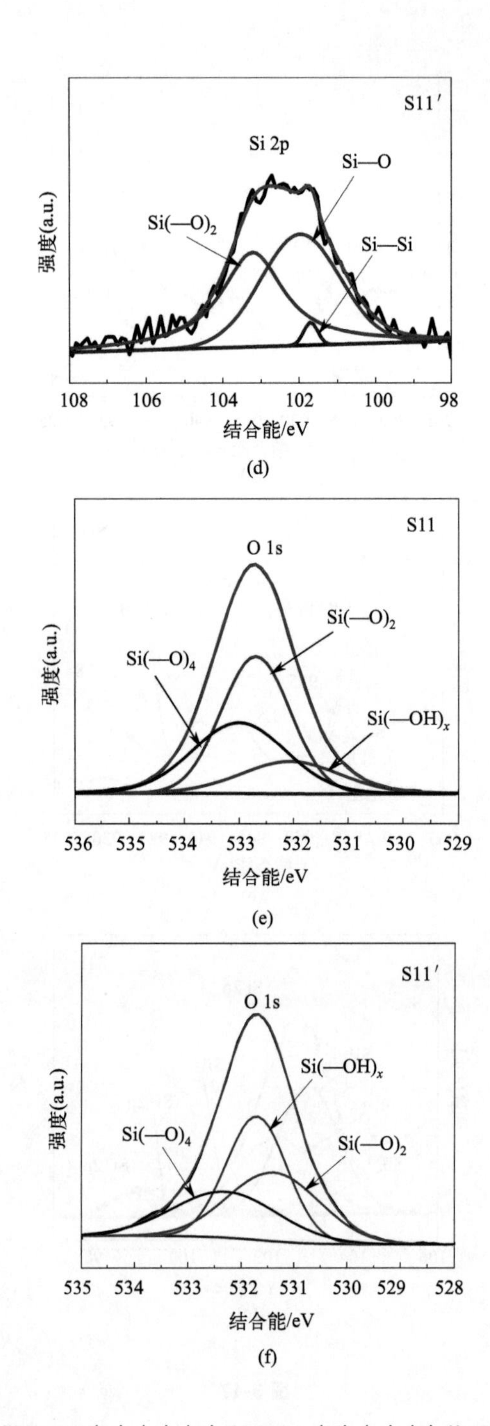

图 3-17 样品 S11（a）（c）（e）和 S11′（b）（d）（f）的 XPS 测试曲线

3.5 硅基纳米片复合 $Cu_3(BTC)_2$的应用

本章提出了一种将二维材料与三维框架 MOFs 材料复合的新策略，通过微波法使金属离子 Cu^{2+} 与配体 BTC^{3-} 在 SNS 表面原位合成金属有机骨架材料 $Cu_3(BTC)_2$，得到一系列三维网络骨架 $Cu_3(BTC)_2$ 包覆二维片层材料 SNS 的复合材料 SNS@$Cu_3(BTC)_2$，考察了微波反应条件对材料结构、形貌、比表面积、孔洞分布以及氢吸附热力学、动力学性能的影响，从材料结构、孔径分布、电子结构、化学反应等方面对储氢性能的促进机理进行了详细分析，结果表明该方案是一种将不同维度材料结合的有效手段，可以有效改善材料的氢吸附性能，具体结论如下：

① 以微波反应功率、反应温度和反应时间为变量设定实验方案，制备了 $Cu_3(BTC)_2$ 样品 S1～S9，通过 XRD、SEM 的表征测试，确定了反应功率 500W、反应温度 90℃和反应时间 10min 的适宜反应条件。

② 根据每个晶面的结晶条件不同设计了阶梯控温方案，制备了纯的 $Cu_3(BTC)_2$ 样品 S10～S12 和复合 SNS 后的产物 S10′～S12′。XRD 和 SEM 测试表明，该方案实现了 $Cu_3(BTC)_2$ 晶粒与 SNS 的成功复合，并且实验条件会对产物的结构、形貌、官能团、比表面积和孔径分布，以及复合位点产生影响。

③ 样品 S10～S12 和 S10′～S12′的氢扩散系数、电化学阻抗、PCT 以及氢吸附动力学性能测试结果表明，当温差为 20℃时，在反应功率为 500W、反应时间为 10min 条件下制备的 S11′具有最佳的氢扩散系数，达到 10^{-7}，较未复合之前提高了一个数量级，氢吸附量达到了 5.6%（质量分数），动力学性能也得到了较大提升。

④ $Cu_3(BTC)_2$ 晶粒与 SNS 原位复合后，物质形貌、孔径分布、电子价态均发生不同变化，氢吸附性能得到了明显提升，这其中有三个主要原因：一是 SNS 的引入改变了 $Cu_3(BTC)_2$ 的孔径分布，当 SNS 位于晶粒内部时晶粒内部的介孔变为大量的微孔，这些窄孔孔壁表面的势场重叠加强了与氢分子的吸附作用，提高了材料的氢吸附能力。二是当 SNS 位于晶粒内部时，裸露在外面的部分与邻近晶粒贯通，为氢气分子的内扩散和外扩散提供了更多通道，提高了氢分子的扩散速率，这是氢分子扩散过程的主要控制步骤，因此氢吸附能力

得到大幅提升；三是与SNS复合使得$Cu_3(BTC)_2$中Cu的2p轨道电子结合能增加，外层电子密度降低；而Si的电子结合能降低，低价态氧化物的含量增大，表明Cu元素的部分电子转移给了Si，产生了更多的不饱和金属位点，促进了材料储氢能力的提高。

硅基纳米片与金属有机框架（MOFs）的结合在储能、催化和传感等领域展现出巨大的应用潜力。这种复合材料利用了硅基纳米片的高比表面积和优异的电导性，以及MOFs的高度多孔结构和可调节的化学性质，通过合理选择有机配体、金属离子和小分子量、多氧化还原活性位点的功能材料，可以获得满意的容量，从而提高金属离子电池的性能。其作为锂离子电池的负极材料，通过提高其导电性和缓冲体积膨胀效应来提升电池性能；在锂硫电池中，具有功能性有机配体的MOFs能够阻断溶胶三硫化物穿梭效应，可有效限制多硫化物，提高锂硫电池的循环稳定性；通过选择合适的有机连接体构建混合基质薄膜，可以防止水和二氧化碳进入电池形成沉积物，改善锂氧电池的性能；该复合材料中MOFs还可以提供丰富的活性位点和高效的氧气还原反应（ORR）催化剂，显著提升锌空气电池的性能。该类复合材料还可以有效提升超级电容器的性能，如将硅基纳米片等新型导电添加剂结合先进的MOFs复合材料，可以弥补单一组件的一些缺点，体现每个组件的长处，增强了超级电容器的电化学性能，如形成具有有趣特性的新型异质结构，从而增强超级电容器的能量密度和充放电速率。

在催化领域里，硅基纳米片凭借其优异的物理和化学特性，例如高比表面积和良好的电子迁移率，已经成为众多研究领域的热点。而金属有机框架(MOFs)，作为一种具有高比表面积、高孔隙率和结构可设计性的结晶性多孔材料，其在气体存储、分离以及催化等领域显示出独特的优势。然而，MOFs本身的低导电性和稳定性限制了其在电催化领域的进一步应用。通过将硅基纳米片与MOFs复合，可以有效结合两者的优点，解决单一材料存在的问题，实现催化性能的大幅提升。在电催化析氢反应（HER）方面，MOFs基电催化剂通常面临稳定性差、导电性差和传质速率不高的问题，通过引入具有催化活性的结构基元，如卟啉等，调节孔隙环境和孔隙结构，可以提升单金属MOFs的催化性能。在析氧、氧气还原反应等方面，通过将MOFs与硅基纳米片复合，构建纳米结构阵列，在导电基底上原位生长MOFs或制备二维导电 MOFs 纳米片，构筑具有不饱和金属配位点的 MOFs 通过，引入功能化配体、复合无机功能材料等，来调节电子结构和孔道结构，改善 MOFs 材料的导电性和动力学滞后问题。

硅基纳米片复合 MOFs 材料在传感器领域同样具有巨大的应用潜力。由于硅基纳米片与 MOFs 复合具有独特的物理和化学特性，如高比表面积、多孔性以及可调控的化学功能性，促进了电极表面的电子转移效率，而且通过提供大量的活性位点，增强了传感器对目标分析物的识别能力。通过设计具有特定电学、光学和催化性能的 MOFs，可以显著提高传感器的灵敏度和选择性。例如，Zr-MOFs 纳米片结构与二维材料的复合使得其在光催化过程中的催化速率得到大幅提升。同时，通过将二维材料复合 MOFs 与其他功能材料结合，如碳纳米管或金属纳米粒子，不仅可以提升材料的导电性，还增强了结构的稳定性，从而延长传感器的使用寿命。该种复合策略为未来开发低能耗、高效率的传感器提供了新的思路。

参考文献

[1] Pizzochero M, Bonfantia M, Martinazzo R. Hydrogen on silicene: Like or unlike graphene? [J]. Physical Chemistry Chemal Physics, 2016, 18: 15654-15666.

[2] 潘英明，谭雪友．诱导效应和共轭效应对有机物酸性的影响 [J]．教育教学论坛，2014 (1): 146-147.

[3] He H, Li R, Yang Z, et al. Preparation of MOFs and MOFs derived materials and their catalytic application in air pollution: A review [J]. Catalysis Today, 2021, 375: 10-29.

[4] Ali M, Pervaiz E, Noor T, et al. Recent advancements in MOF-based catalysts for applications in electrochemical and photoelectrochemical water splitting: A review [J]. International Journal of Energy Research, 2021, 45 (2): 1190-1226.

[5] Goetjen T, Liu J, Wu Y, et al. Metal-organic framework materials as polymerization catalysts: A review and recent advances [J]. Chemical Communications, 2020, 56: 10409-10418.

[6] Haldar D, Duarah P, Purkait M. MOFs for the treatment of arsenic, fluoride and iron contaminated drinking water: A review [J]. Chemosphere, 2020, 251: 126388.

[7] Pan Y, Zhang Z, Yang R, et al. The rise of MOFs and their derivatives for flame retardant polymeric materials: A critical review [J]. Composites Part B: Engineering, 2020, 199 (15): 108265.

[8] Dhakshinamoorthy A, Concepcionb P, Garcia H. Dehydrogenative coupling of silanes with alcohols catalyzed by $Cu_3(BTC)_2$ [J]. Chemical Communications, 2016, 52: 2725-2728.

[9] Hu K, Liu Z, Xiu T, et al. Removal of thorium from aqueous solution by adsorption with $Cu_3(BTC)_2$ [J]. Journal of Radioanalytical and Nuclear Chemistry, 2020, 326: 185-192.

[10] 向中华．面向化工能源与环境的纳米多孔材料的分子设计及定向制备 [D]．北京：北京化工大学，2013.

[11] Singh M P, Dhumal N R, Kim H J, et al. Influence of water on the chemistry and structure of

the metal-organic framework $Cu_3(BTC)_2$ [J]. The Journal of Physical Chemistry C, 2016, 120 (31): 17323-17333.
[12] Broom D P, Webbb C J, Fanourgakisc G S, et al. Concepts for improving hydrogen storage in nanoporous materials [J]. International Journal of Hydrogen Energy, 2019, 44: 7768-7779.
[13] Qian C, Sun W, Hung D L H, et al. Catalytic CO_2 reduction by palladium-decorated silicon-hydride nanosheets [J]. Nature Catalysis, 2021, 2: 46-54.
[14] Rochat S, Polak-Krasna K, Tian M, et al. Hydrogen storage in polymer-based processable microporous composites [J]. Journal of Materials Chemistry A, 2017, 5 (35): 18752-18761.
[15] Kovač A, Paranos M, Marciuš D. Hydrogen in energy transition: A review [J]. International Journal of Hydrogen Energy, 2021, 46: 10016-10035.
[16] Tarhan C, Çil M A. A study on hydrogen, the clean energy of the future: Hydrogen storage methods [J]. Journal of Energy Storage, 2021, 40: 102676.
[17] Endo N, Goshome K, Maeda T, et al. Thermal management and power saving operations for improved energy efficiency within a renewable hydrogen energy system utilizing metal hydride hydrogen storage [J]. International Journal of Hydrogen Energy, 2021, 46: 262-271.
[18] Florin T H, Allen D W. Health and climate change [J]. The Lancet, 2019, 393: 2196-2197.
[19] Kovač A, Paranos M, Marciuš D. Hydrogen in energy transition: A review [J]. International Journal of Hydrogen Energy, 2021, 46 (16): 10016-10035.
[20] Abe J O, Popoola A P I, Ajenifuja E, et al. Hydrogen energy, economy and storage: Review and recommendation [J]. International Journal of Hydrogen Energy, 2019, 44: 15072-15086.
[21] Zheng S, Li Q, Xue H, et al. A highly alkaline-stable metal oxide@metal organic framework composite for high-performance electrochemical energy storage [J]. National Science Review, 2020, 7: 305-314.
[22] Kassem A A, Abdelhamid H N, Fouad D M, et al. Metal-organic frameworks (MOFs) and MOFs-derived CuO@C for hydrogen generation from sodium borohydride [J]. International Journal of Hydrogen, 2019, 44 (59): 31230-31238.
[23] Butova V V, Burachevskaya O A, Podshibyakin V A, et al. Photoswitchable zirconium MOF for light-driven hydrogen storage [J]. Polymers, 2021, 13 (22): 4052.
[24] Sule R, Mishra A K, Nkambule T T. Recent advancement in consolidation of MOFs as absorbents for hydrogen storage [J]. International Journal of Energy Research, 2021, 45 (9): 12481-12799.
[25] Ahmed A, Siegel D J. Predicting hydrogen storage in MOFs via machine learning [J]. Patterns, 2021, 2 (7): 100305.
[26] Lu Chunjing, Wang Gang, Wang Keliang, et al. Modified porous SiO_2-supported $Cu_3(BTC)_2$ membrane with high performance of gas separation [J]. Materials, 2018, 11 (7): 1207.
[27] Zhang Z, Wang Y, Jia X, et al. The synergistic effect of oxygen and water on the stability of the isostructural family of metal-organic frameworks [$Cr_3(BTC)_2$] and [$Cu_3(BTC)_2$] [J]. Dalton Transactions, 2017, 46: 15573-15581.
[28] 原鲜霞，徐乃欣．金属氢化物电极中氢扩散系数的电化学测试方法 [J]．大学化学，2002 (3): 27-34.
[29] 刘家祺．传质分离过程 (BZ) [M]．北京：高等教育出版社，2005.
[30] 程芳芳．石墨烯与MOF复合材料的合成及性能研究 [D]．南京：南京师范大学，2015.
[31] Unnikrishnan V, Zabihi O, Ahmadi M, et al. Metal-organic framework structure-property relationships for high-performance multifunctional polymer nanocomposite applications [J]. Journal of Materials Chemistry A, 2021, 9: 4348.
[32] Dinca M, Long J. Hydrogen storage in microporous metal-organic frameworks with exposed metal sites [J]. Angewandte Chemie Internationgal Edition, 2008, 47 (36): 6766-6799.
[33] Li R. Determination of the hydrogen diffusion coefficient in alloy by cyclic voltammetry

[J] . Journal of Chongqing Normal University, 2004, 21: 40-42.

[34] Kassaoui M, Lakhal M, Benyoussef A, et al. Enhancement of hydrogen storage properties of metal-organic framework-5 by substitution (Zn, Cd and Mg) and decoration (Li, Be and Na) [J] . International Journal of Hydrogen Energy, 2021, 46 (52): 26426-26436.

[35] Yang H, Orefuwa S, Goudy A. Study of mechanochemical synthesis in the formation of the metal-organic framework $Cu_3(BTC)_2$ for hydrogen storage [J] . Microporous and Mesoporous Materials, 2011, 143 (1): 37-45.

[36] Macdonald J, Johnson W. Impedance spectroscopy: Theory, experiment, and applications [J] . Journal of the American Chemical Society, 2005, 4: 206-207.

[37] Peterson V, Liu Y, Brown C, et al. Neutron powder diffraction study of D2 sorption in Cu_3(1,3,5-benzenetricarboxylate$)_2$ [J] . Journal of the American Chemical Society, 2006, 128: 15578-15579.

[38] Wang L, Yang R T. Hydrogen storage on carbon-based adsorbents and storage at ambient temperature by hydrogen spillover [J] . Catalysis Reviews: Science and Engineering, 2010, 52: 411-461.

[39] Sridhar P, Kaisare N S. A critical analysis of transport models for refueling of MOF-5 based hydrogen adsorption system [J] . Journal of Industrial and Engineering Chemistry, 2020, 85: 170-180.

[40] Zhao Y, Liu F, Tan J, et al. Preparation and hydrogen storage of Pd/MIL-101 nanocomposites [J] . Journal of Alloys and Compounds, 2019, 772: 186-192.

[41] Sonwabo E B, Henrietta W L, Robert M, et al. CoMPaction of a zirconium metal organic framework (UiO-66) for high density hydrogen storage applications [J] . Journal of Materials Chemistry A, 2018, 6: 23569-23577.

[42] Lim W, Thornton A W, Hill A J, et al. High performance hydrogen storage from Be-BTB metal-organic framework at room temperature [J] . Langmuir, 2013, 29: 8524-8533.

[43] Zheng B, Yun R, Bai J, et al. Expanded porous MOF-505 analogue exhibiting large hydrogen storage capacity and selective carbon dioxide adsorption [J] . Inorganic Chemistry, 2013, 52: 2823-2829.

[44] Jin J, Ouyang J, Yang H. Pd Nanoparticles and MOFs synergistically hybridized halloysite nanotubes for hydrogen storage [J] . Nanoscale Research Letters, 2017, 12: 240.

[45] Ibarra I A, Yang S, Lin X, et al. Highly porous and robust scandium-based metal-organic frameworks for hydrogen storage [J] . Chemical Communications, 2011, 47: 8304-8306.

[46] Sumida K, Horike S, Kaye S S, et al. Hydrogen storage and carbon dioxide capture in an iron-based sodalite-type metal-organic framework (Fe-BTT) discovered via high throughput methods [J] . Chemical Science, 2010, 1: 184-191.

第4章

过渡金属Pd、Ni共沉积修饰硅基纳米片的制备及储氢性能研究

过渡元素以独特的轨道结构和电子填充状态，经常用于石墨烯、碳纳米管、MOFs等多孔材料的表面改性，通过与 H_2 之间强效的Kubas作用，提升基底材料的氢吸附能力。Sigal课题组[1] 报道研究，石墨烯通过Ni修饰后，氢吸附能和吸附量都得到很大提高，但是表面的Ni原子易团聚，限制了性能的进一步提升。Ganz等[2] 早在2009年就通过模拟计算的方法，得知几种MOFs材料在经过金属表面修饰后，氢吸附性能得到较大提高。Back等[3] 采用纳米Pd掺杂的方法将碳纳米纤维的氢吸附量提高了3倍。肖红[4] 采用理论模拟的方式，构建过渡金属Sc、Ti、V原子在碳纳米管（SWCNT）上的复合模型，氢吸附量高达8%（质量分数），而且－0.54eV的吸附能满足应用标准。这些研究结果都表明，采用过族金属对基底材料进行修饰是提高材料氢吸附性能的一种优秀策略，但是必须以金属的弥散分布为前提。第3章将 $Cu_3(BTC)_2$ 与SNS复合，以物理吸附为主要作用方式提高储氢性能，本章将采用在SNS表面沉积过渡金属的方式，将化学作用与物理作用相结合，以期实现储氢性能的提高。事实上，金属原子在上述基底材料上均会以团簇的形式存在，使实际性能严重地偏离了理论预测值，极大地限制了材料的进一步应用。

硅基纳米片（SNS）作为一种与石墨烯相似的二维材料，是由上下两层Si原子以 sp^2/sp^3 杂化结构形成的蜂巢结构，表面非平面而呈翘曲形态，夹角为116.14°，主要构成元素Si与C元素同属于碳族，位于元素周期表中第Ⅳ族，最外层的电子数相同，但是位于C元素的下一周期，因此原子半径更大，失电子能力更强。与石墨烯不同，王玉生课题组的理论模拟研究结果[5,6] 表明，SNS结构中Si原子上的π键非常容易受外来原子破坏，进而与外来原子形成紧密结合的吸附，这为在SNS基底表面做修饰提供了很好的契机，但是却一直没有报道系统的实验研究数据。同时，SNS的最佳氢吸附能力是在温度为77K时，这样极低的温度成为实际应用的巨大障碍，寻找温和条件下具有适宜氢吸附能力的储氢材料成为一个亟待突破的瓶颈。鉴于此，本章充分利用SNS表面易与外来原子结合的特性，采用过渡金属Pd、Ni，以Pd/Ni共沉积的方式对其表面进行修饰，从产物结构、形貌、氢扩散系数、氢吸附热力学和动力学性能等方面，对所得产物进行系统研究和深入讨论。

4.1 过渡金属 Pd、Ni 共沉积修饰硅基纳米片的制备

4.1.1 实验原料及仪器设备

本章实验所采用的实验原料和试剂、实验仪器如表 4-1、表 4-2 所列。

表 4-1 实验原料和试剂

原料及试剂	化学式及简称	规格型号	生产厂商
硅化钙	$CaSi_2$	分析纯	Sigma-Aldrich
无水氯化亚锡	$SnCl_2$	分析纯	Adamas-beta
十二烷基硫酸钠	$C_{12}H_{25}SO_4Na$(SDS)	分析纯	Adamas-beta
氯化钯	$PdCl_2$	分析纯	上海麦克林生化科技有限公司
氯化镍	$NiCl_2$	分析纯	上海麦克林生化科技有限公司
聚四氟乙烯	PTFE	分析纯	天津市艾维信化工科技有限公司
硼氢化钠	$NaBH_4$	分析纯	天津市天力化学试剂有限公司
氢氧化钾	KOH	分析纯	天津市凯通化学试剂有限公司
无水甲醇	CH_3OH	分析纯	天津市天力化学试剂有限公司
无水乙醇	CH_3CH_2OH	分析纯	天津市光复科技发展有限公司
二氧化碳	CO_2	高纯气体	太原市泰能气体有限公司
氢气	H_2	高纯气体	太原市泰能气体有限公司
氦气	He	高纯气体	太原市泰能气体有限公司
氮气	N_2	高纯气体	太原市泰能气体有限公司
氢氧化钠(粒)	NaOH	分析纯	上海麦克林生化科技有限公司
盐酸	HCl	分析纯	西陇科学股份有限公司

表 4-2 实验仪器

仪器设备	型号	生产厂家
电子天平	FA2004B	上海菁海仪器有限公司
磁力搅拌器	RCT digital	德国 IKA 仪器设备有限公司
微波合成仪	WKYⅢ-0.5	上海佳安分析仪器厂
鼓风干燥箱	DHG-9145A	上海一恒科技仪器有限公司
循环水真空泵	SHZ-DⅢ	郑州市亚荣仪器有限公司
实验室超纯水器	WSN-C10-VF	长沙沃恩环保科技有限公司

续表

仪器设备	型号	生产厂家
数控超声波清洗器	KH3200DE	昆山禾创超声仪器有限公司
数显恒温水浴锅	HH-2	常州润华电器有限公司
蠕动泵	TL-600T	无锡市天利流体工业设备厂
旋片式真空泵	2XZ-2	浙江临海市永昊真空设备有限公司
真空干燥箱	DZF	上海一恒科技仪器有限公司
高速离心机	HC-3018	安徽中科中佳科学仪器有限公司
电化学工作站	CHI760E	上海辰华仪器有限公司
超临界 CO_2 反应釜	HT-50GJ-DB	上海霍桐实验仪器有限公司

4.1.2 制备工艺

图 4-1（书后另见彩图）为制备 Pd/Ni 双金属修饰 SNS 的实验流程图。实验选择 $PdCl_2$ 和 $NiCl_2$ 为金属源，在第 2 章甲醇制备 MT-SNS 基础上，通过沉积沉淀法制备 Pd-Ni/SNS 复合材料，具体制备工艺如下。

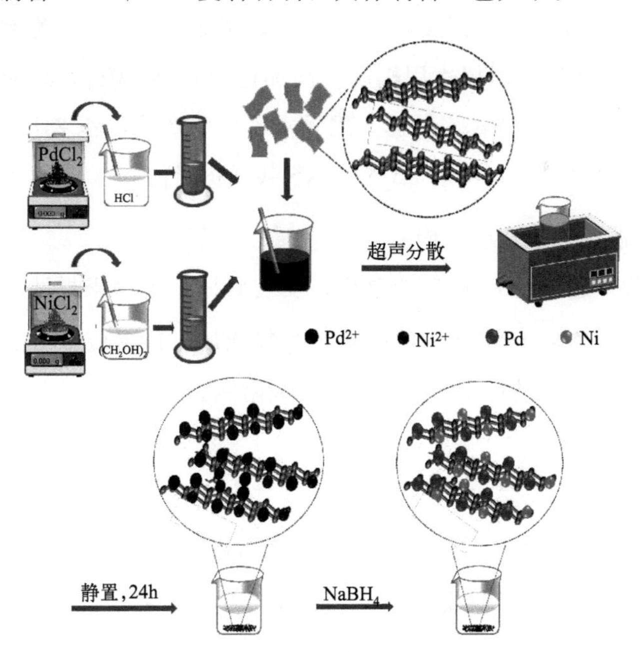

图 4-1 Pd-Ni/SNS 的制备流程图

（1） SNS的制备

与第2章甲醇制备MT-SNS的实验方法相同。

（2）制备Pd-Ni/SNS离子共沉积产物

过渡金属Pd虽然具有较好的储氢能力，但是其抗氢脆能力较差，同时由于它是贵金属，价格昂贵，所以采用过渡金属Ni进行部分置换，根据文献报道中Ni在SNS表面的吸附力大于Pd，因此确定Ni的沉积比例可略高于Pd的含量，以$PdCl_2$∶$NiCl_2$（摩尔比）为1∶2，按照总金属沉积量（质量分数）为5%、10%、15%的配比进行计算，称取药品备用。量取10mL盐酸放入烧杯，加入$PdCl_2$搅拌至完全溶解，再量取10mL乙二醇溶液置于另一烧杯，加入$NiCl_2$搅拌至完全溶解，将上述两种溶液混合均匀。将SNS加入上述混合溶液中，超声分散15min，然后以转速600r/min磁力搅拌35min，之后避光静置24h。

（3）制备Pd-Ni/SNS共沉积产物

静置完成后，将溶液中的沉淀抽滤并洗涤干净，置于真空干燥箱中，于80℃下真空干燥12h。干燥完成后取出样品，用20mL乙二醇配制成溶液，磁力搅拌10min，然后边搅拌边用蠕动泵滴加还原剂$NaBH_4$，滴加完成后避光静置24h。之后对沉淀物洗涤抽滤，用无水乙醇将产物浸泡24h，洗涤抽滤后于80℃下真空干燥12h，得到Pd-Ni/SNS共沉积产物。

（4）超临界二氧化碳干燥

将产物放入超临界CO_2反应釜中，安装紧固，确保密封性良好，连接气路、循环水，超临界干燥4h，然后开始排气泄压。待反应釜中的高压降至常压，将样品取出立即进行后续表征和气体吸附测试。

4.1.3 材料结构表征及性能测试

本章所进行的X射线衍射分析（XRD）、扫描电子显微镜分析测试（SEM）、透射电子显微镜分析表征（HRTEM）、X射线光电子能谱分析（XPS）、BET比表面积测定分析（BET）、红外光谱分析（FT-IR）、拉曼光谱分析（Raman）、高压气体吸附测试（PCT、动力学性能）等表征，均选用与第2章相同的仪器设备。

氢扩散系数的测定方法如下。

采用电化学工作站（CHI760E，上海辰华仪器有限公司）测定材料的氢扩散系数（D_H），考察材料的氢扩散能力。

（1）工作电极的制备流程

将产物、导电剂（乙炔黑）和黏结剂（PTFE）按照质量比 7∶2∶1 取样之后充分研磨，均匀涂在泡沫镍上，在真空干燥箱内 60℃下干燥 12h。在 0.2MPa 的压强下保压 30s，制成直径 $\phi=12mm$ 的电极片，即为测试用工作电极。

（2）电化学实验装置

实验采用电化学工作站配合 Devanathan-Stachurski 双电解池体系（图 4-2）[7] 测定电化学性能，通过记录电流-时间曲线，计算氢扩散系数来考察材料的储氢性能。

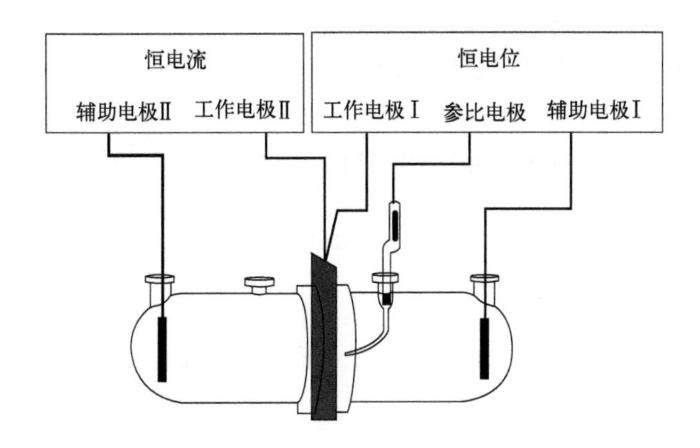

图 4-2　Devanathan-Stachurski 双电解池实验装置

根据菲克第一定律（Fick’s First law）和菲克第二定律（Fick’s Second law）稳态扩散和非稳态扩散模型，放电电流-时间曲线中电流与氢扩散系数 D_H 满足如下关系式：

$$I_z=-ZFD_H C'(x,t)\mid_{x=L}=-2I_0\sum_{K=1}^{\infty}(-1)^K\times\exp\left[-\left(\frac{K\pi}{L}\right)^2 D_H t\right] \tag{4-1}$$

式中　I_z——暂态电流；

I_0——初始电流；

L——样品厚度；

F——法拉第常数；

$C'(x, t)$——浓度与时间和位置的函数；

K——常数；

t——扩散时间。

实际试验中初始电流 I_0 一般不为零，在一个标准的氢渗透曲线上，$I_z/I_f=0.63$ 处的电流值 I_z 对应的滞后时间为 T_L，与氢扩散系数 D_H 满足如下关系式：

$$D_H=\frac{L^2}{6T_L} \tag{4-2}$$

式中　L——试样的厚度。

4.2 Pd-Ni/SNS 的表征与分析讨论

4.2.1 Pd-Ni/SNS 的成分与结构分析

图 4-3 为不同金属掺量的 Pd-Ni/SNS 的 XRD 图谱。

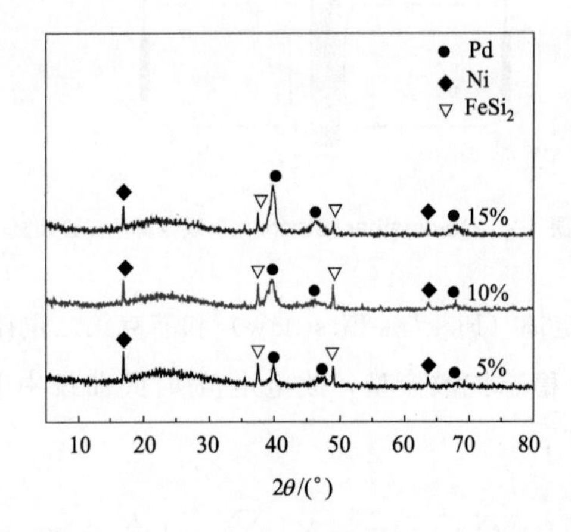

图 4-3　5%、10%、15%（质量分数）金属掺量的 Pd-Ni/SNS 的 XRD 图谱

从 XRD 图谱中可以看出，5%、10%、15%（质量分数）的三个 Pd-Ni/SNS 样品均出现了 SNS 的漫反射特征峰以及沉积金属 Pd、Ni 的衍射特征峰，两种沉积金属各自独立存在，没有形成化合物，并且随着金属沉积量的增多，衍射峰的强度增大。同时，样品 SNS 中含有的杂质 $FeSi_2$ 依然存在，而且在后续的测试中保持惰性。说明 5%、10%、15%（质量分数）的三个 Pd-Ni/SNS 样品制备成功。

图 4-4 为 Pd-Ni/SNS 的红外光谱（a）和拉曼表征图（b）。通过图 4-4(a) 可以发现，SNS 负载不同比例的金属后，红外光谱吸收峰的位置差别不大，与未负载的 SNS 几乎一样，但是含量为 10%（质量分数）的样品比另外两个产物的吸收峰更为明显，尤其是含 Si 的官能团，如 SiH、Si—O—Si、Si_3SiH、O_3SiH 吸收峰强度较大，说明金属修饰增大了 SNS 表面含 H 官能团的浓度。从图 4-4(b) 中可以看出，与 5%(质量分数）和 15%(质量分数）的样品相比，负载 10%(质量分数）的 SNS 表面 SiH_n、OSiH 含量明显更多，

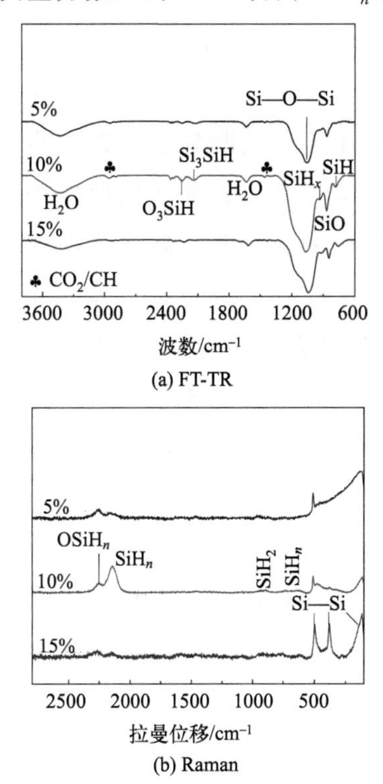

(a) FT-TR

(b) Raman

图 4-4 5%、10%、15%（质量分数）的 Pd-Ni/SNS 的 FT-IR（a）和 Raman（b）图

而 Si—Si 的含量较少，即呈现出较多含 H 的官能团，与 FT-IR 的表征结果一致。这说明 Pd、Ni 双金属的沉积可以改变 SNS 表面官能团的浓度，有研究表明将 Ni 引入硅氧烷的末端基团，通过改变溶剂调控 Ni 的沉积位置，可控制催化 CO_2 甲烷化反应的反应中间体和反应路径，当 Ni 存在于硅氧烷片层之间时，CO_2 甲烷化速率为 100mmol/(g·h)，而且选择性超过 90%。Qian 等[8] 研究表明，在 SNS 表面引入 Pd，可以通过 Pd 对 H 独特的吸附能力，在催化 CO_2 转化反应中实现 SNS 表面的自还原，避免产物氧化。我们利用 Pd 和 Ni 在 SNS 表面的修饰，增大了材料中含 H 官能团的浓度，在后续气态氢吸附测试中发挥至关重要的作用。

4.2.2 Pd-Ni/SNS 的微观形貌分析

三个样品的扫描电子图像如图 4-5 所示。由图可知，当金属沉积量（质量分数）为 5%时[图 4-5(a)和(b)]，在结构疏松的 SNS 侧面沉积着少量金属颗粒，从放大的图片中可以看出，金属颗粒沉积在 SNS 的边缘而非表面，说明 SNS 的边缘比表面的活性高，是金属沉积时首选的活性位点，这是因为 SNS 边缘含有大量断裂的 π 键，非常容易与金属离子相结合，产生强烈的吸附作用[5]。当金属沉积量增加到 10%时[图 4-5(c)和(d)]，在 SNS 的侧面和表面都沉积着金属颗粒，这说明虽然 SNS 边缘处断裂的 π 键为沉积首选的高活性位点，但是在金属离子的浓度增大后，SNS 表面的 π 键同样也可以完成吸附。从放大的图片中可以看出，沉积的金属颗粒呈大小规整的球状，在 SNS 片层的边缘和表面均匀分布，没有出现大颗粒团聚。但是当沉积量增加到 15%时[图 4-5(e)和(f)]，在 SNS 表面首先沉积了一层均匀的金属颗粒，然后在此之上又生成了团聚的大颗粒，团聚后的颗粒直径达到几百微米，说明当金属离子与 SNS 表面的 π 键吸附饱和后，溶液中多余的离子以被吸附的金属原子为晶核继续结晶长大，发生晶体重构和弛豫[9]，形成大直径的团聚颗粒，这将会严重影响材料对氢气的吸附作用。

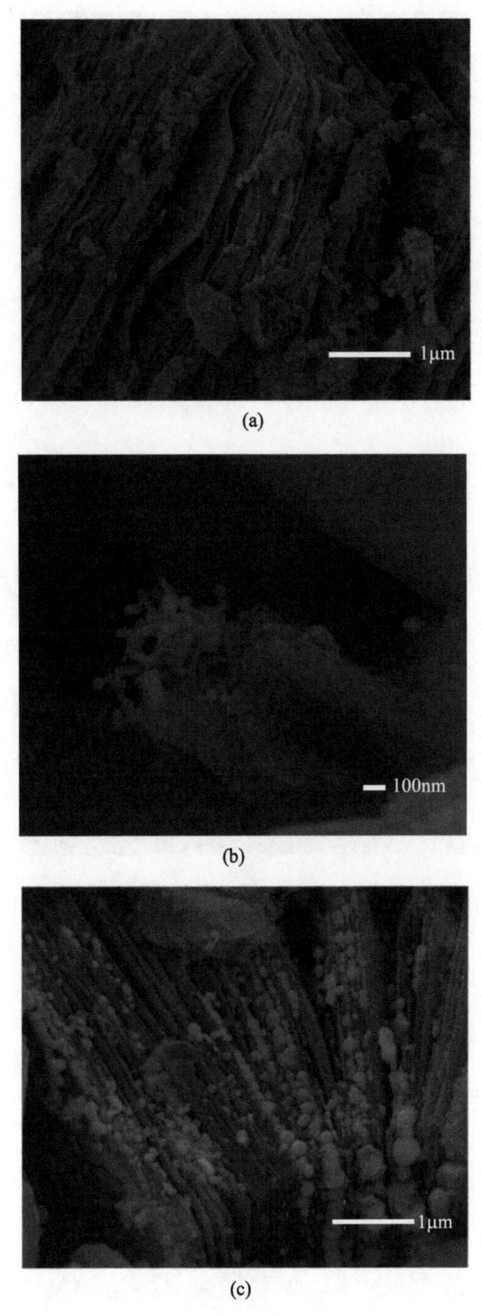

(a)
(b)
(c)

图 4-5

图 4-5 5%（a，b）、10%（c，d）和 15%（e，f）的 Pd-Ni/SNS 的 SEM 图

上述现象说明当金属沉积量与 SNS 表面的吸附位点匹配时，以乙二醇构建的沉积体系，以 $NaBH_4$ 为还原剂的沉积方案可以实现金属颗粒的均匀分布，极大地避免金属颗粒的团聚。金属的弥散沉积与 SNS 表面对金属原子极大的吸附能有直接关系，模拟计算理论研究的结果表明[6]，过渡金属原子在 SNS 表面的吸附作用比在石墨烯表面大。在石墨烯表面，大部分金属的吸附能约 1eV，而过渡金属原子的内聚能在 4～5.5eV 之间，远大于石墨烯表面对金属原子的吸附能，因此金属颗粒在石墨烯表面往往形成团聚。但是 SNS 表面对过渡金属原子的吸附能在 4.5～6eV，大于各个原子相应的内聚能，因此金属原子能够在 SNS 表面呈弥散分布而不团聚[5]。这一点在后续的氢吸附性能测试中至关重要。

样品的元素能量分布面扫描分析（EDS-Mapping）如图 4-6 所示（书后另见彩图）。本实验采用 Thermo 公司的 SYSTEM 7 设备，在 800 倍率、15KV 加速电压下进行 EDS 扫描测试。图 4-6 中(a)～(c)分别为 5%、10%、15%的 Pd-Ni/SNS 的能谱面扫描分布图，从图中可以看出，三种比例的 Pd、Ni 双金属均成功附着在 SNS 片层中，其中 C 元素来自导电胶的表面，O 元素来自 SNS 的氧化。各元素的定量结果见表 4-3。

表 4-3　5%、10%、15%（质量分数）的 Pd-Ni/SNS 的 EDS 定量结果

元素	线系	5%	10%	15%
		元素质量/%(误差/%)	元素质量/%(误差/%)	元素质量/%(误差/%)
C	K	10.20(±0.21)	9.45(±0.21)	7.55(±0.21)
O	K	41.13(±0.28)	36.18(±0.22)	29.56(±0.20)
Si	K	43.70(±0.16)	44.39(±0.21)	47.91(±0.23)
Pd	L	2.23(±0.22)	4.50(±0.20)	6.76(±0.18)
Ni	K	2.74(±0.23)	5.48(±0.19)	8.22(±0.17)
总计		100.00	100.00	100.00

为了进一步讨论 Pd、Ni 金属的沉积情况，采用透射扫描电镜对 5%、10%、15%（质量分数）的 Pd-Ni/SNS 进行表征，结果如图 4-7 所示。从图中可以看出，5%-Pd-Ni/SNS 中只有少量金属，位于 SNS 表面部分活性位点上，从高倍率图片中可以看出，金属颗粒零散分布但含量偏少，无法达到修饰 SNS 表面的目的。当金属沉积量增大到 10%时[图 4-7(c)]，金属颗粒弥散地

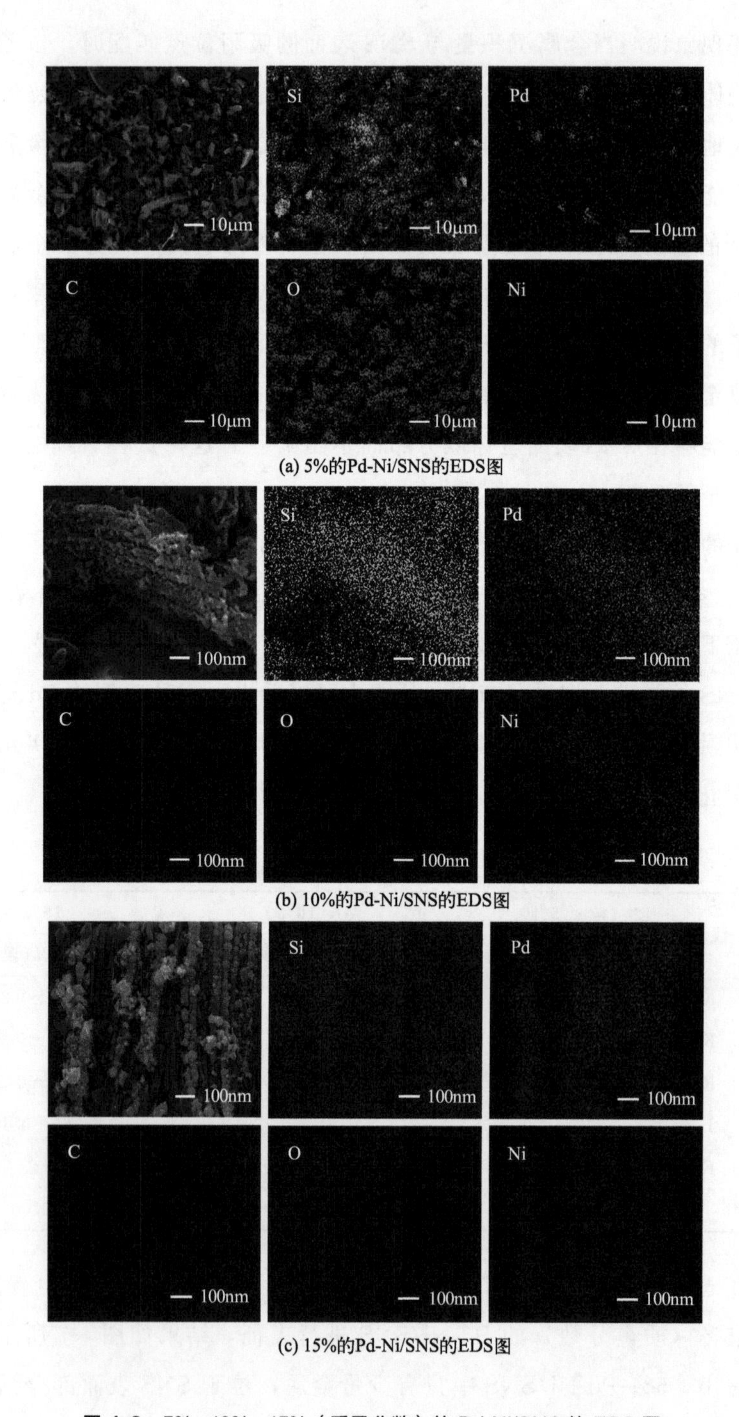

图 4-6　5%、10%、15%（质量分数）的 Pd-Ni/SNS 的 EDS 图

分布在SNS表面，颗粒大小一致、分布均匀，没有出现团聚的大颗粒，与SEM的表征结果相同。由高倍率图片中的晶格测量分析结果可知，0.195nm和0.176nm分别对应Pd(200)和Ni(200)晶面，说明Pd、Ni两种金属颗粒均匀沉积在SNS表面，Pd-Ni/SNS复合材料制备成功，为后续氢气吸附奠定了坚实的基础。而当金属含量进一步增大到15%时[图4-7(e)和(f)]，金属颗粒在SNS表面形成大量颗粒团聚，从高倍率图片中可以看出，所有颗粒聚集在一起，形成尺寸几十微米的大颗粒，团聚现象严重，这将严重影响氢气在材料表面的吸附，说明10%是Pd、Ni两种金属颗粒在SNS表面均匀沉积的最适宜比例。

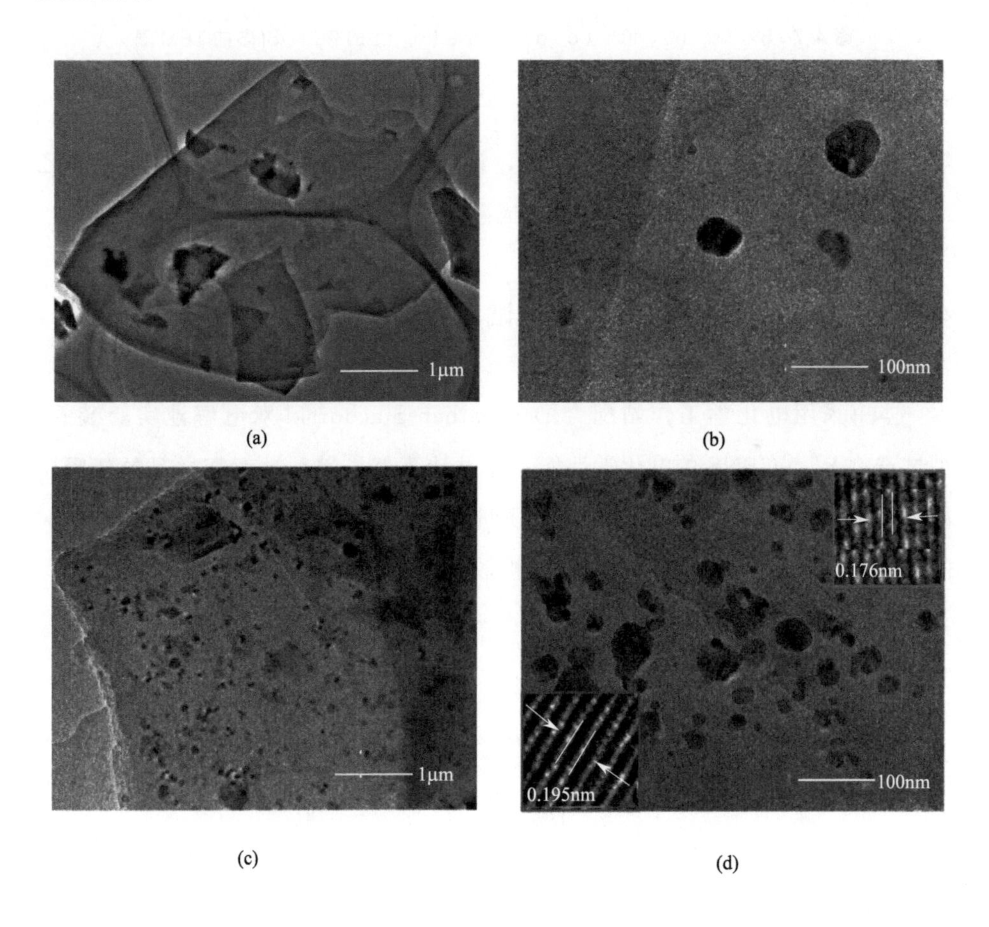

图4-7

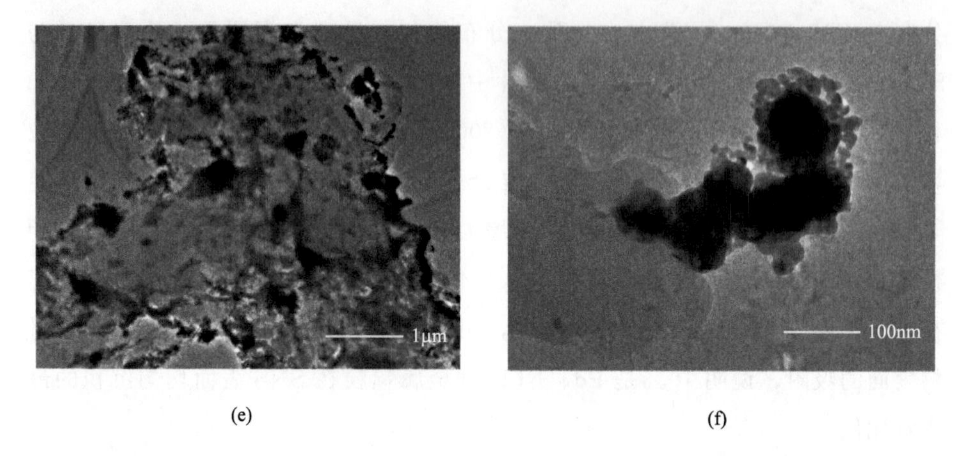

图 4-7 5%（a，b）、10%（c，d）和 15%（e，f）的 Pd-Ni/SNS 的 TEM 图

从三个样品的 SEM 和 TEM 的测试结果可以看出，SNS 在金属沉积后仍然保持高透明度和良好的片层分散性，说明 SNS 具有良好的结构稳定性，乙二醇的沉积体系不会对其整体结构造成破坏，可以实现金属颗粒的稳定沉积。

4.3 Pd-Ni/SNS 电化学性能测试与分析

本书采用电化学工作站配合 Devanathan-Stachurski 双电解池实验装置，测试产物 Pd-Ni/SNS 的电化学性能，通过计算氢扩散系数考察样品的氢吸附能力。图 4-8 为 5%、10%、15%（质量分数）的 Pd-Ni/SNS 样品的电流-时间测试曲线。图 4-9 为电化学测试氢扩散过程原理示意图。

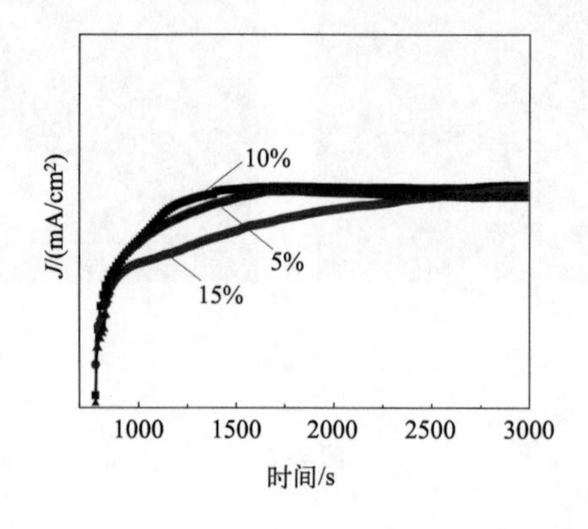

图 4-8 5%、10%、15%（质量分数）的 Pd-Ni/SNS 的电化学测试图

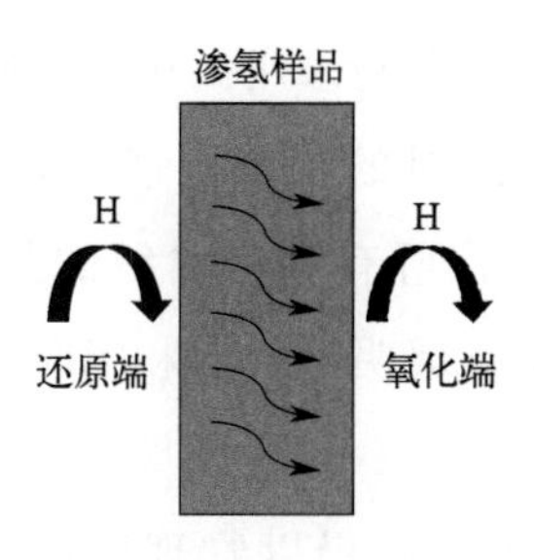

图 4-9　电化学测试氢扩散过程原理示意图

从图 4-8 中可以看出，在阴极充氢电流的作用下，样品的氢扩散电流密度急剧增大，达到氢扩散的最大电流密度，之后逐渐达到稳态氢扩散电流密度。样品厚度均为 0.08cm，按照式(4-1) 和式(4-2) 计算氢扩散系数，结果列于表 4-4。从表 4-4 中可以看出，10%的 Pd-Ni/SNS 的氢扩散电流密度高于 5%和 15%的样品，而且最先达到最大氢扩散电流密度，即滞后时间最短。氢扩散电流密度增长得越快，极限氢扩散电流密度和稳态氢扩散电流密度越大，10%样品的极限氢扩散电流密度和稳态电流密度均大于 5%和 15%。根据计算结果，5%和 15%样品的氢扩散系数分别为 7.07×10^{-7} 和 5.30×10^{-7}，10%样品的氢扩散系数 D_H 达到了 1.05×10^{-6}，高出前二者达一个数量级氢扩散系数 D_H 越大，说明氢扩散速度越快。氢在材料外部和内部的扩散是整个扩散过程中的主要控制步骤，氢扩散速率决定整个扩散过程的快慢。因此，10%的 Pd-Ni/SNS 的氢扩散系数最大，说明该样品的氢渗透过程最快，氢吸附性能最好。

表 4-4　5%、10%、15%（质量分数）的 Pd-Ni/SNS 的氢扩散系数计算结果

含量/%	稳态电流/mA	滞后时间/s	滞后电流/mA	氢扩散系数
5	0.118	1508	0.118	7.07×10^{-7}
10	0.188	1016	0.119	1.05×10^{-6}
15	0.167	2012	0.092	5.30×10^{-7}

4.4　Pd-Ni/SNS 气态储氢性能测试与分析

4.4.1　Pd-Ni/SNS 的储氢热力学性能分析

前面研究了 Pd-Ni/SNS 复合材料的物相成分、结构和形貌，为了考察其作为储氢材料的氢吸附能力，实验采用高压气态吸附仪测试了样品在425K、450K和475K，压力4.5MPa时的氢吸附能力，结果如图4-10所示。从图中可以看出，随着压力上升，所有测试曲线的氢吸附量均呈不断增大的趋势，呈现未饱和的状态，未出现明显的饱和吸氢平台压，属于典型的物理吸附曲线，这是因为Pd-Ni/SNS是Pd、Ni双金属修饰SNS后的复合材料，SNS仍为吸附的主要体系，因此仍以物理吸附为主。由图4-10(a)可知，5%样品在450K时达到最大氢吸附量1.98%（质量分数，下同），在425K和475K时氢吸附量为1.4%和1.65%，但是三个温度下的氢吸附量仍较小。由前述SEM、TEM和EDS扫描结果可知，5%的金属沉积量较少，只在SNS表面零星分布，远远不足以达到修饰SNS表面改善储能力的目的。当沉积量增加到10%时[图4-10(b)]，产物的吸氢量明显增大，425K、475K时为2.9%、3.7%，在450K时达到最大吸附量4.85%，表明金属负载量的增加大大提高了材料的氢吸附能力。该含量下SNS表面沉积的金属颗粒规整，大小均匀且没有团聚，在SNS表面弥散分布，使得产物在进行氢吸附时，沉积金属作为第一结合点首先完成与氢的吸附。过渡金属对氢的强吸附作用，使扩散过程的第一个步骤加速完成，之后被吸附的氢达到饱和后通过氢溢流机制扩散至SNS表面，激活载体表面的次级活性吸附点，为后续的持续吸附提供了更多机会。

当Pd、Ni的含量继续增加到15%时[图4-10(c)]，氢吸附量在425K和475K时分别为2.7%和3.1%，在450K时得到最大值4.15%。产物的氢吸附量并没有随着金属沉积量的增多而持续增大，性能反而不如10%的Pd-Ni/SNS好，这是因为SNS表面的活性位点数量有限，沉积金属与SNS表面吸附饱和后，在晶粒长大驱动力的作用下，晶粒会自发地向趋于减少晶界总面积、降低界面能的方向继续生长，形成尺寸较大的金属粒子，从而使得系统更稳定。同时，沉积形成的纳米颗粒比表面积非常大，表面能很高，彼此之间还会受到分子间力、氢键、静电作用等吸引力，极易发生颗粒团聚。从前述SEM和TEM呈现的形貌可以直观地看到，当Pd、Ni含量高时，颗粒在SNS表面形成了大块团聚，此时当与氢接触时，阻碍了溢流机制的进程，氢吸附能力受到严重影响。三个产物在不同温度下的氢吸附数据列于表4-5。

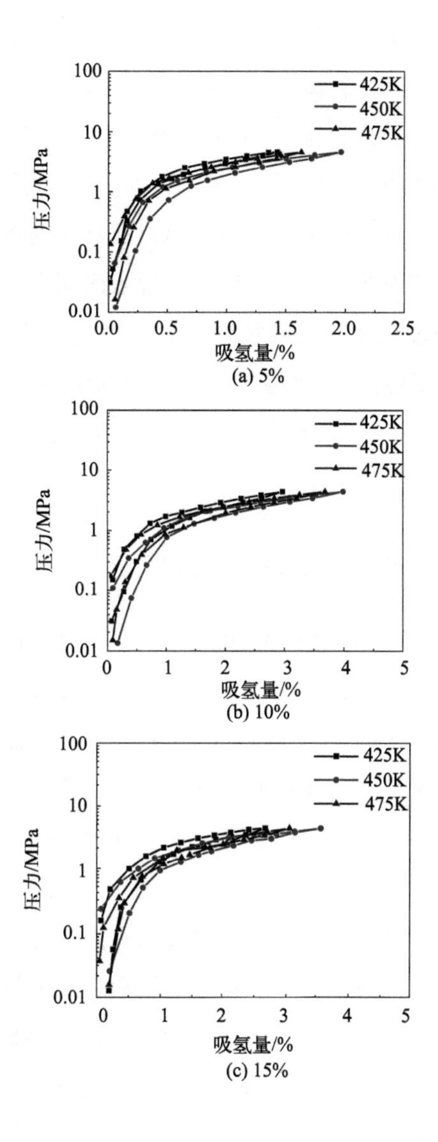

图 4-10 5%、10%、15%（质量分数）的 Pd-Ni/SNS 的 PCT 曲线

表 4-5 不同金属沉积量 Pd-Ni/SNS 在 PCT 测试中的吸氢量

样品成分	样品吸氢量/%		
	425K	450K	475K
5%	1.45	1.98	1.65
10%	2.90	4.15	3.70
15%	2.70	3.30	3.10

从数据结果来看，所有样品均在 450K 时表现出最佳的氢吸附性能，温度 425K 对于 SNS 表面沉积的金属来说有些偏低，达不到金属的吸附激活能，因此氢吸附能力并未达到最大。而 475K 的温度虽然可以极大提高负载金属的活性，但是违背了 SNS 物理吸附的作用机制。对于物理吸附而言，在温度较低时，分子动能相对较小，可以满足载体表面对其吸附的条件，才能顺利实现扩散过程的第一个步骤，因此太高的温度对物理吸附而言并不适合。理论计算模拟的结果表明[5]，当过渡金属元素吸附在 SNS 两侧进行表面修饰时，理想状态下最大氢吸附量可以达到 5%左右，我们的实验数据虽然还有一定差距，但是已达到理想结果的 80%，说明该实验方案取得了良好的氢吸附性能，是比较成功的。

4.4.2 Pd-Ni/SNS 的储氢动力学性能分析

为了进一步考察材料对氢的吸附速率，在 4.5MPa 氢气压力和 425K、450K、475K 时测试了 Pd-Ni/SNS 的动力学性能，实验结果如图 4-11 所示。

图 4-11(a) 中 5%的 Pd-Ni/SNS 在 450K 时显示出最大的氢吸附量和达到稳态的最短时间，表明具有最快的氢吸附速率，这与双金属颗粒在 SNS 表面的修饰作用密不可分。值得注意的是，三个温度的曲线均在达到稳态之前出现了一个凸起的阶段，然后快速达到稳态，这是因为沉积的金属与载体 SNS 具有不同的激活能和稳态平台。当氢与产物接触时，首先与表面的金属颗粒发生吸附，快速达到第一个稳态；氢吸附量达到饱和后发生氢溢流，吸附的氢迁移至载体的其他表面，形成次级吸附活性位点，促进 SNS 表面发生新的吸附，接着形成第二个稳态平台，最终材料整体达到氢吸附的稳态。氢吸附的弛豫现象在 10%的 Pd-Ni/SNS[图 4-11(b)]中更为明显，随着温度从 425K 上升到 475K 时，Pd、Ni 表现出的第一个阶跃稳态更为明显，这是因为高温能更快满足金属颗粒的激活能，使得金属的吸氢速率更大，达到饱和吸氢量的时间更短。但是在氢溢流机制发生后，体系以 SNS 表面的物理吸附为主，高温会造成气体分子动能增大，不利于在载体表面的吸附，导致氢吸附量下降，因此 10%的 Pd-Ni/SNS 在 450K 时表现出最快的氢吸附速率。当金属沉积量为 15%时[图 4-11(c)]，样品在三个温度下都呈现出较慢的氢吸附速率，而且与前二者相比，第一个平台不是很明显，这是因为该样品中金属颗粒尺寸较大，

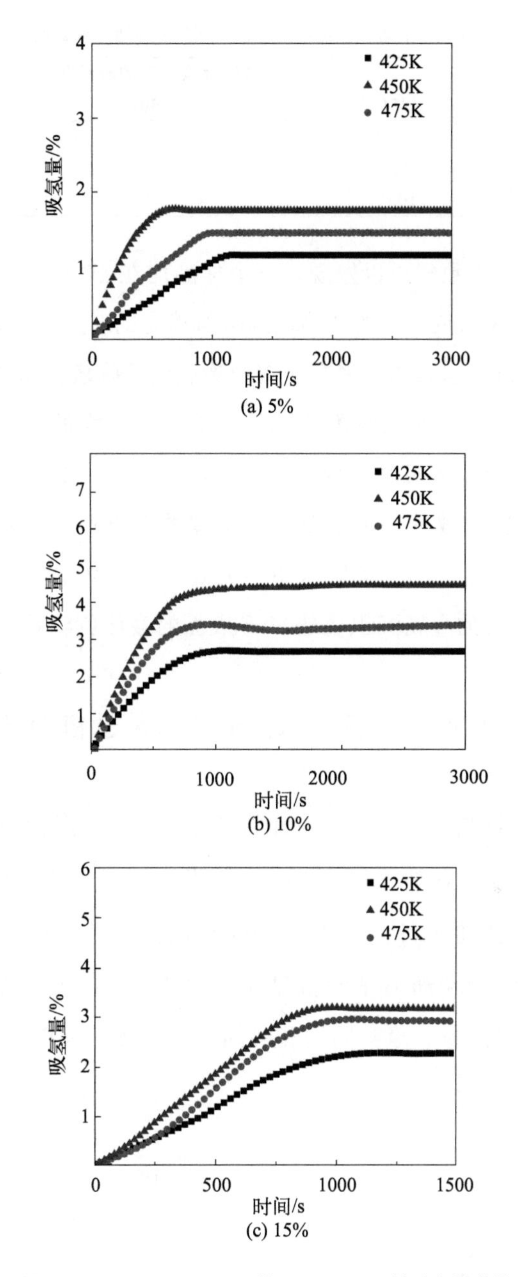

(a) 5%

(b) 10%

(c) 15%

图 4-11 5%、10%、15%的 Pd-Ni/SNS 的动力学曲线

团聚现象严重，导致材料比表面积小，氢吸附能力减弱，从而导致吸附活化的时间较长，而且不易发生氢溢流现象，因此没有表现出较明显的阶跃，也严重影响材料的氢吸附速率。Pd-Ni/SNS 的动力学数据列于表 4-6。

表 4-6　不同金属沉积量 Pd-Ni/SNS 的动力学数据

样品成分	达到吸氢稳态的时间/s		
	425K	450K	475K
5%	1200	930	955
10%	852	802	912
15%	1050	913	1120

通过对比表 4-6 中数据可以发现，三个样品均在 450K 时表现出最好的吸氢动力学性能，并且 10%负载量的产物达到吸氢稳态的时间最短，结合前述 SEM、TEM 和 PCT 的分析，这表明金属颗粒在产物表面的弥散分布与团聚，不仅对材料氢吸附量有很大影响，对氢吸附速率的影响也是巨大的。纳米级过渡金属颗粒在 SNS 表面通过氢溢流机制来促进氢的吸附，二者形成一个尺度统一的、均匀分布的表面，促进扩散过程中主要控制步骤的完成，即从表面吸附到外扩散再到内扩散的过程，这是决定扩散速率的关键一步。从本实验中吸附速率的数据来看，10%Pd、Ni 的金属沉积量是 SNS 表面的最佳负载量。

4.5　Pd/Ni 共沉积改善硅基纳米片储氢性能的机理分析

将过渡金属负载在各种载体上，如将 Ti、Sc、Pt 等沉积在多孔炭、沸石、石墨烯、碳纳米管上，在加氢催化、CO_2 捕获、储氢等方面取得了很多成果，这些优良的性能都依赖于过渡元素独特的结构以及与气体的结合作用[10-12]。根据前述 PCT 热力学和动力学测试结果，将 5%、10%、15%负载量的 Pd-Ni/SNS 产物的氢吸附量、氢吸附饱和时间对比作图，如图 4-12 所示。

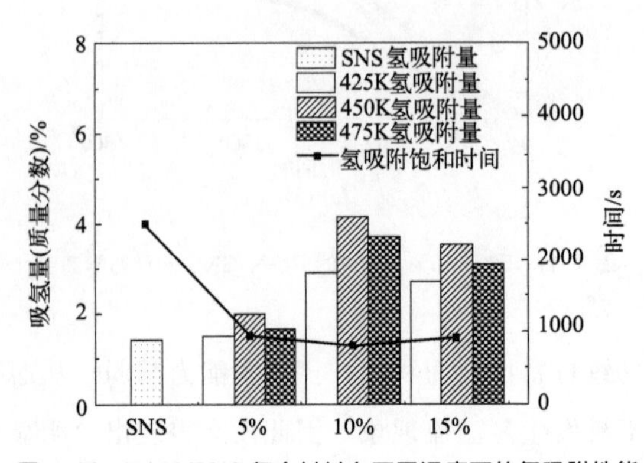

图 4-12　Pd-Ni/SNS 复合材料在不同温度下的氢吸附性能

从图 4-12 中可以看出，SNS 经过 Pd、Ni 双金属修饰后，氢吸附量和动力学性能均有所提高，其中 10%的 Pd-Ni/SNS 性能最好，说明选择过渡金属 Pd、Ni 在二维硅材料 SNS 的表面进行修饰，是一种提高载体氢吸附性能的有效方法，并且金属的沉积量对改善材料的性能有很大影响。本节将从元素结构、电子转移、晶体结构等方面详细分析性能提高的机理。

4.5.1 电子结构对 Pd-Ni/SNS 氢吸附性能的影响

Pd 和 Ni 同属于过渡元素，外层电子排布存在空 d 轨道，通过空 d 轨道电子与氢的 s 轨道电子生成 π 键和反馈 π 键，以 Kubas 作用与 H 结合，该结合键属于弱化学键，结合强度介于物理吸附与化学吸附之间。Pd 在元素周期表中属于第五周期Ⅷ族，作为一种贵金属，资源稀缺且价贵，在催化反应中性能卓越，却不适合在工业生产中大规模应用。Ni 同为过渡元素，属于第四周期Ⅷ族，具有与 Pd 相似的电子排布，在许多催化反应中也显示出不错的催化性能。Ni 金属资源在地球中的含量达 0.018%，仅排在 Si、O、Fe、Mg 元素之后，位居第五，具备大规模使用的便利条件，因此经常作为 Pd 催化剂的替代品用于催化反应。

金属原子在石墨烯表面的结合能为 1eV 左右，而过渡金属原子的内聚能为 4eV 左右，因此过渡金属在石墨烯表面无法弥散分布，往往会团聚形成大颗粒，严重影响催化性能。模拟计算的研究结果表明，过渡金属在 SNS 表面的吸附能达 5eV 左右，远大于过渡金属原子的内聚能，同时 Bader 的电荷分析结果表明，过渡金属原子吸附在 SNS 表面时会向 SNS 表面捐献电子，形成局域电场，通过极化机制吸附氢。为了探讨本实验产物中 Pd、Ni 在 SNS 表面的结合状态，采用 X 射线光电子能谱分析方法考察了 5%、10%、15%的 Pd-Ni/SNS 中 Pd、Ni、Si 元素的化学状态，结果如图 4-13 所示。

由第 2 章中 XPS 的分析结果可知，SNS 中 Si 的电子结合能为 103.6eV、102.8eV、102eV 和 99.7eV，分别对应 Si^{4+}、Si^{3+}、Si^{2+} 和 Si^{1+}，与之相比可以看出，Pd-Ni/SNS 中 Si 元素的电子结合发生了变化。5%Pd-Ni/SNS[图 4-13(a)] 中 Pd 的 3d 轨道电子结合能为 335.8eV、337.5eV、340.5eV、342eV，Ni 的 2p 电子结合能为 858eV、873eV，Si 的 2p 电子结合能为

103.6eV、103.1eV、102.6eV、100.2eV 和 99.2eV。低价态 Si^{1+}、Si^{0} 的电子结合能减小，高价态 Si^{4+}、Si^{3+} 和 Si^{2+} 的结合能变化不大，但 Si^{2+} 的含量增大，Si^{4+} 和 Si^{3+} 的含量减小，这些说明在 Pd、Ni 双金属沉积后，Si 因得到电子使得外层电子云密度增大，化合价降低。

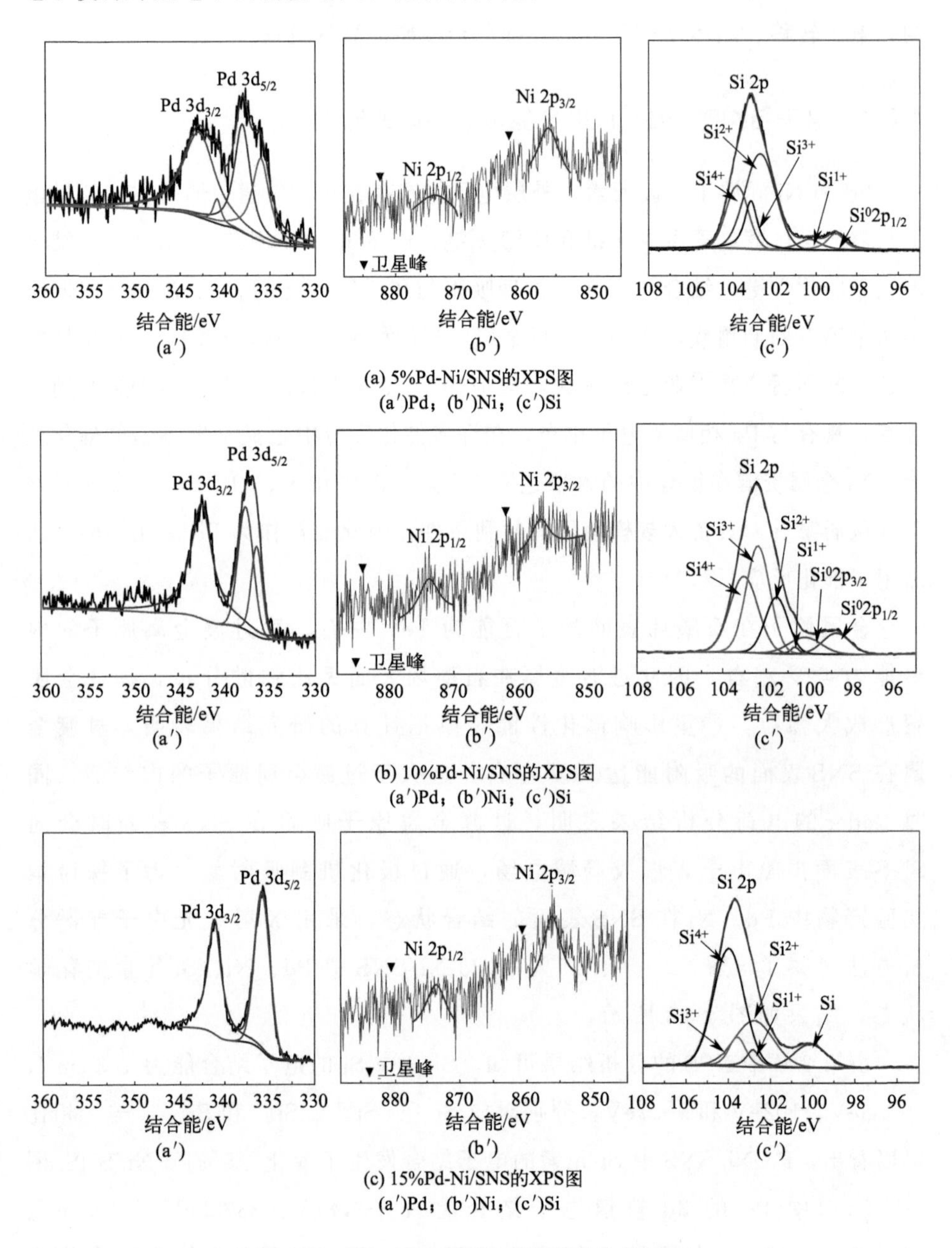

图 4-13　5%、10%、15%Pd-Ni/SNS 的 XPS 图

从图 4-13（b）中可以看出，10% Pd-Ni/SNS 中 Pd 3d 电子结合能为 336.38eV、337.8eV、342.5eV，Ni 的 2p 电子结合能为 859eV、874eV，Si 的 2p 电子结合能为 103eV、102.4eV、101.5eV、100eV 和 98.5eV，相较 5% 的 Pd-Ni/SNS，Pd、Ni 金属的电子结合能减小，而 Si 的电子结合能增大了，这说明 Si 的外层电子云密度进一步增大，而金属 Pd、Ni 失去了电子，导致外层电子云密度减小，部分电子从金属原子转移到 SNS 表面，形成了局域电场。而图 4-13（c）中，15% Pd-Ni/SNS 中 Pd 的 3d 轨道电子结合能为 335.4eV、341eV，Ni 的 2p 电子结合能为 857.5eV、873.5eV，Si 的 2p 电子结合能为 104eV、103.6eV、102.8eV、102.7eV 和 100.1eV。由此可知，Pd、Ni 金属的电子结合能并没有随着金属沉积量的增加而继续增大，而是比 5% 产物的大，比 10% 的小，Si 的 2p 电子结合能同样也是位于 5%～10% 之间，小于 5% 而大于 10%，这说明 SNS 表面团聚的金属颗粒无法完全对载体转移电子，减弱了金属颗粒与载体之间的局域电场。

结合上述 XPS 的测试结果，正如前面 PCT 和动力学分析讨论的结果，10% Pd-Ni/SNS 之所以在氢吸附量和动力学性能中都展现出最优性能，是因为载体 SNS 表面有很多易于被沉积金属破坏的 π 键，这些 π 键与金属颗粒之间的吸附能远大于金属颗粒的内聚能，因此会保证适量的金属颗粒在载体表面的弥散分布，而不发生团聚。同时，金属颗粒与载体结合后发生了电子转移，产生局域电场，这使得略微失电子的金属颗粒对氢的吸引力增大，形成强化的 Kubas 作用，从而提高了氢吸附能力。有模拟计算的结果表明[5]，这种增强的 Kubas 作用可以使氢分子极化，导致氢分子键长加长，形成局域吸附作用，与氢的结合能达 0.41～0.96eV/H_2，对周围的氢分子也会产生吸附作用。

理论计算的结果表明[5]，过渡金属在 SNS 表面的吸附能达 5eV 左右，其中 Ni、Pd 吸附能分别为 4.776eV 和 4.2eV，而且基底 SNS 中 Si—Si 键的顶部为首选的初级活性位点，与次级活性位点之间的差分别为 0.607eV、0.499eV，尤其 Ni 在 SNS 上发生扩散的最低扩散势垒为 0.749eV，如此大的吸附能和扩散能垒使得金属吸附原子与相邻 Si 原子之间形成较强的共价键，这也是 Pd、Ni 双金属在 SNS 表面紧密结合而不团聚的原因。

相比之下，5% 负载量的 Pd-Ni/SNS 则是由于金属负载量较少，对 SNS 表面的改性效果不足。而 15% 的 Pd-Ni/SNS 则不同，氢吸附性能并没有与金属沉积量的增加呈正相关，这是因为 SNS 表面的 π 键在与金属颗粒吸附达到饱和后，无法提供更多的活性位点进行继续吸附，体系中多余的金属颗粒急速团聚。加之由于晶界驱动力的缘故，已沉积的晶粒欲达到减少晶粒表面能，使整个系统自由能更低，体系更稳定的状态，会呈现粗化和长大的趋势，这点从图 4-14 的 TEM 图中可以清晰地看到，而且与前述 SEM 和 TEM 的分析结果也是一致的。

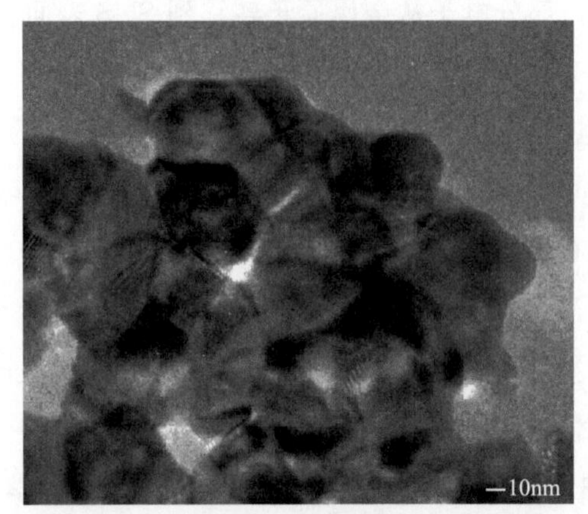

(a) 低倍率

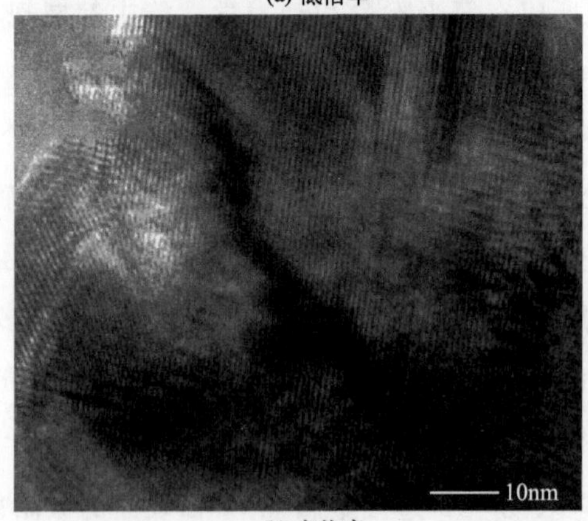

(b) 高倍率

图 4-14 15% Pd-Ni/SNS 的 TEM 图

4.5.2 Pd-Ni/SNS 的氢溢流机制

氢溢流（Spillover）机制在很多有关催化的报道中都有研究，早在 1964 年由 Khoobier 首次提出，后由 Sierfelt 和 Teicher 通过试验验证[13]，在近 20 多年的研究中取得了很大的发展。氢溢流是指固体催化剂表面的活性中心

(原有的活性中心)经吸附产生了一种离子的或者自由基的活性物种，然后迁移到载体表面形成次级活性中心的现象。氢溢流机制受三个因素影响，即金属源、载体(溢出受体)、结合(连接桥)[13]。图4-15是氢溢流机制的模型示意图(书后另见彩图)。

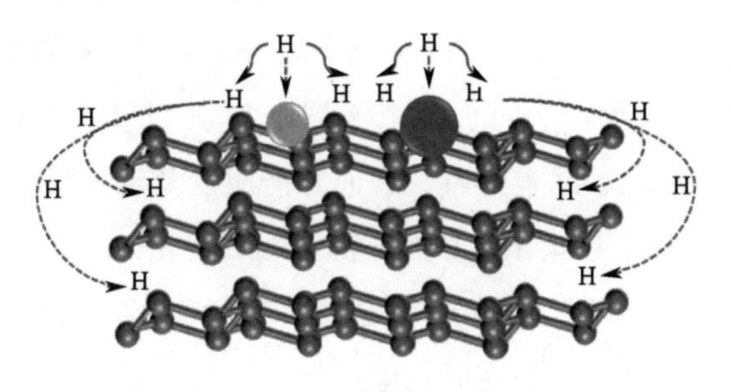

图4-15 氢溢流机制模型示意图

从图4-15中可以看出，沉积的金属颗粒作为首个与氢接触的位点，先发生氢吸附并进行解离，然后以金属颗粒为活性中心进行溢出，至载体SNS的表面形成次级活性中心，从而促进载体进一步对氢吸附。在本章所制备的Pd-Ni/SNS产物中，Pd、Ni双金属由于给载体SNS捐献了电子，形成了局域电场，增强了与氢的Kubas作用，这种结合作用的强度介于物理吸附和化学吸附之间，首个被吸附的氢分子发生极化，继而有利于吸附第二层氢。然后以Pd、Ni双金属颗粒为初级活性位点中心，发生氢溢流至载体其他表面，形成次级活性中心，促进载体被活化的过程，提高氢吸附的能力。理想的氢溢流情况是，所有的金属颗粒都均匀分布，具有很高的表面催化活性，载体在金属沉积后仍保持大的比表面积和孔容，而且所有的沉积金属颗粒都与载体形成良好的“连接桥”。事实上，载体在经过金属表面修饰之后，往往会出现比表面积的大幅下降和孔道的堵塞，导致载体的结构受到影响，加之载体表面的官能团控制不够精准，使得金属颗粒和载体之间的桥接不能建立很好的锚定作用。同时，金属颗粒在沉积的过程中还受反应体系、颗粒均匀性以及分布情况的影响，沉积状况没有理论模型那么完美，并不是所有单独的催化剂和受体颗粒都被“连接起来”。因此，性能虽有很大改善，但是与理论值仍有差距。也有不少研究对氢溢流的动力学和机理做出了报道[14-16]，结论表明氢分子在金属位点上迅速分解，然后缓慢扩散到受体。氢原子的表面扩散被认为是氢溢出的速率决定步骤，这与本章在 4.5.2 动力学部分的研究结论是相同的。

4.6 过渡金属 Pd、Ni 共沉积修饰硅基纳米片的应用

本章以 SNS 为载体，采用过渡金属 Pd、Ni 进行表面修饰，获得了 5%、10%和 15%（质量分数，下同）三个不同金属沉积量的 Pd-Ni/SNS 复合材料，从材料结构、形貌、元素分布、表面官能团以及氢吸附热力学、动力学性能等方面进行了分析讨论，结果表明产物 10%的 Pd-Ni/SNS 是一种性能良好的储氢材料，具有较高的氢吸附量和较大的吸氢速率，从材料结构、电子结构、储氢机制等方面对性能提高的机理进行了分析。具体结论如下：

① 以 $PdCl_2$ 和 $NiCl_2$ 为金属源，通过沉积沉淀法在 SNS 上负载了 5%、10%和 15%的 Pd、Ni 双金属颗粒，获得了三个不同金属含量的 Pd-Ni/SNS 复合材料，通过对产物结构、形貌和表面官能团的分析可知，10%的 Pd-Ni/SNS 具有稳定的成分，Pd、Ni 双金属颗粒大小均匀，在 SNS 表面弥散分布而不团聚，结构良好。

② 电化学测试的结果表明，三种产物的氢扩散性能良好，5%和 15%产物的氢扩散系数为 10^{-7}，而 10%产物的氢扩散系数达到了 10^{-6}，体现出良好的氢扩散能力。

③ 热力学性能和动力学性能测试的结果表明，SNS 在经过 Pd、Ni 双金属表面修饰后，吸氢量和吸氢速率都得到很大提高，三个样品的氢吸附量和吸附速率都在 450K 时表现最佳，其中 10% Pd-Ni/SNS 的氢吸附量为三个样品之首，达到了 4.15%。

④ 对 Pd-Ni/SNS 的氢吸附机理的研究表明，首先，过渡元素 Pd、Ni 具有独特的电子排布结构，通过 Kubas 作用吸附氢。其次，过渡金属会向 SNS 表面捐献电子，形成局域电场，进而加强 Kubas 吸附作用，形成介于物理吸附和化学吸附之间的结合作用。强的吸附作用会极化第一层氢分子，被极化的氢分子也会增强对第二层氢的吸附。同时，Pd、Ni 作为活性位点中心，会通过氢溢流机制完成次级活性位点的活化，促进载体氢吸附能力的提高。最后，低沸点溶剂置换联合超临界二氧化碳干燥的方法，在去除残留溶剂分子的同时保持了材料的完整性，确保载体在沉积金属的同时尽可能保留大的比表面积，

为氢吸附提供了更多的活性位点，提高了材料的储氢能力。

过渡金属修饰二维硅材料在电子器件、光电转换、磁性材料等多个领域具有很广阔的应用前景。过渡金属修饰的二维硅材料可以用于制造具有高电子迁移率和优异电子性质的高性能电子器件。例如，过渡金属修饰的硅基纳米片在电子器件中可作为沟道材料，展现出比传统硅材料更优越的性能。随着硅基器件接近摩尔定律的极限，二维材料如 TMDs 被广泛研究用于集成电路的制备，预期能够减轻短沟道效应，推动电子器件进一步微型化和性能提升；石墨烯和硅基纳米片已在集成光学中被用作激光源，由于其超快的载流子动力学和强光-物质相互作用，这些材料能够实现高效率的激光产生。过渡金属掺杂的二维硅材料可以通过化学修饰实现对磁性性质的有效调控，为开发自旋电子器件提供了可能性。

过渡金属修饰的二维硅材料可以广泛应用于催化科学、环境保护、能源存储与转换等领域。通过有效地降低氢气产生的过电位，促进能源转换效率，在电催化产氢反应（HER）中实现高效催化性能。该类复合材料具有独特的表面性质、电子结构和光催化性能，对特定气体、水溶液中的离子有高度选择性和灵敏度，适用于检测有害气体、废水处理和空气净化等领域。同时，其具备高电化学活性和稳定性，用于锂离子电池和超级电容器的电极材料中，可以提高储能设备的性能和寿命；在太阳能电池中可以增强光吸收能力和电荷转移效率，提升太阳能电池的功率转换效率；在能源转化领域，如产氢反应和氧气还原反应中，二维硅材料负载的金属表现出高效的催化活性，这对于氢能和燃料电池技术的发展至关重要。

二维材料负载的金属单原子催化剂可以作为单原子纳米酶，在生物领域中用于催化各种生物化学反应。与传统的天然酶相比，这些纳米酶具有更高的稳定性和可调活性，为生物医学研究和治疗提供了新的工具。由于其精确控制的金属原子位置和优化的电子结构显示出高效的催化活性，能够在温和条件下有效催化多种生物分子的转化反应。二维材料负载的金属催化剂还可用于开发高灵敏度的传感器，用于检测农药残留和其他有害物质，确保食品安全。在生物医学领域，利用某些二维材料负载金属的光学性质，可以开发高分辨率的生物成像探针和多模式成像，如光声成像、X 射线计算机断层扫描（CT）和正电子发射断层扫描（PET）等，有助于疾病的早期诊断和实时监测治疗效果，同时还可以用于药物的靶向传递、控制释放、光热疗法（PTT）和光动力疗法（PDT），如通过特定表面修饰，这些材料能够将药物直接输送到病变组织，增强光吸收能力，实现精准治疗，以及提升治疗效果。

参考文献

[1] Sigal A，Rojas M I，Leiva E P M. Interferents for hydrogen storage on a graphene sheet decorated with nickel：A DFT study [J] . International Journal of Hydrogen Energy，2011，36（5）：3537-3546.

[2] Ganz Eric，Dornfeld M. Storage capacity of metal-organic and covalent-organic frameworks by hydrogen spillover [J] . Journal of Physical Chemistry C，2012，116（5）：3661-3666.

[3] Back C，Sandí G，Prakash J，et al. Hydrogen sorption on palladium-doped sepiolite derived carbon nanofibers [J] . The Journal of Physical Chemistry B，2006，110（33）：16225-16231.

[4] 肖红．基于过渡金属材料储氢的机理研究 [D] ．湘潭：湘潭大学，2010.

[5] 王玉生．储氢材料：纳米储氢材料的理论研究 [M] ．北京：中国水利水电出版社，2015.

[6] Wang Y，Zheng R，Gao H，et al. Metal adatoms-decorated silicene as hydrogen storage media [J]. International Journal of Hydrogen Energy，2014，39：14027-14032.

[7] 刘菲，苏运星，王仲民，等．菲克定律在氢扩散系数研究中的应用 [J] ．广西大学学报（自然科学版），2010，35（5）：841-846.

[8] Qian C，Sun W，Hung D L H，et al. Catalytic CO_2 reduction by palladium-decorated silicon-hydride nanosheets [J] . Nature Catalysis，2021，2：46-54.

[9] 蓝田，徐飞岳．晶体表面弛豫和重构的规律与机理 [J] ．原子与分子物理学报，1995，4（12）：438-450.

[10] Peng G，Gerceker D，Kumbhalkar M，et al. Ethane dehydrogenation on pristine and AlO_x decorated Pt stepped surfaces [J] . Catalysis Science & Technology，2018，8：2159-2174.

[11] Cui H，Zhang Y，Tian W，et al. A study on hydrogen storage performance of Ti decorated vacancies graphene structure on the first principle [J] . RSC Advances，2021，11：13912-13918.

[12] Ma L，Hao W，Han T，et al. Sc/Ti decorated novel $C_{24}N_{24}$ cage：Promising hydrogen storage materials [J] . International Journal of Hydrogen Energy，2021，46（10）：7390-7401.

[13] 黄仲涛，耿建明. 工业催化 [M] ．北京：化学工业出版社，2006.

[14] Li Y，Yang R. Hydrogen storage on platinum nanoparticles doped on superactivated carbon [J]. The Journal of Physical Chemistry C，2007，111（29）：11086-11094.

[15] Wang L，Yang R. Hydrogen storage properties of carbons doped with ruthenium，platinum，and nickel nanoparticles [J] . The Journal of Physical Chemistry C，2008，112（32）：12486-12494.

[16] Lachawiec A J，Yang R T. Reverse spillover of hydrogen on carbon-based nanomaterials：Evidence of recombination using isotopic exchange [J] . The Journal of Physical Chemistry C，2009，113（31）：13933-13939.

第5章

过渡金属Pd、碱金属Li共沉积修饰硅基纳米片的制备及储氢性能研究

碱金属位于元素周期表第Ⅰ主族，最外层有一个电子，经常用来做二维、三维材料的表面修饰，用于氢吸附、加氢催化反应[1-3]。在碱金属（Li、Na）或碱土金属（Mg、Ca）原子修饰的纳米结构材料中，金属原子不易发生聚集现象，并且它们本身的质量较小，有助于提升储氢密度[1-5]。大量的理论模拟计算表明，Li 作为载体表面的修饰材料，可以有效地提高载体的储氢性能。有研究报道，通过密度泛函理论模拟碱金属 Li 对三种硅链进行修饰，其中两个 Li 原子修饰的 Si_2 链结构，在室温条件下氢吸附量高达 18.6%（质量分数），具有优异的氢气存储性能[6]。具有 2×2×1 超晶胞结构的 SiB 纳米材料经 8 个 Li 原子修饰后，氢吸附量达 8.69%（质量分数），表明 Li 修饰的 SiB 是一种很有应用前景的储氢介质[7]。王玉生[8] 利用密度泛函理论计算了 10 种不同吸附原子修饰 SNS 的储氢性能。研究发现，SNS 与石墨烯结构相似却不同，结构中 Si 原子上的 π 键非常容易与外来原子结合成键，可以解决金属团簇的问题，这对储氢具有重要意义。其中碱金属 Li、Na、K 在 SNS 表面的吸附能均大于内聚能，其中 Li 的吸附能最大，达到 2.5eV，可以在 SNS 表面均匀分布，非常适合在 SNS 表面修饰以提高材料的储氢性能。Ni 等通过理论模拟计算表明，Li 在 SNS 上可实现优于在石墨烯表面的沉积效果，主要是因为 SNS 中六边形的尺寸比石墨烯中六边形的尺寸大，与 Na、K 相比，Li 在 SNS 上的结合能高，距离基底平面高度（h）最小，仅为 1.21Å。盛喆等[9] 通过模拟 Li 组分从 0.11 到 0.50 修饰的 SNS，结果表明材料的储氢性能随着 Li 含量的增大而提高，0.50 为 Li 修饰含量的上限，此时材料的结构仍可保持稳定且储氢量最大，达到 11.46%（质量分数），平均吸附能为 0.34eV/H_2，表明 Li 在 SNS 表面的负载能获得较大的储氢能力。

采用过渡金属 Pd、Ni 对硅基纳米片表面进行修饰获得了氢吸附性能较好的复合材料，但是氢吸附量仍然无法满足美国能源部 6.5%（质量分数）的应用标准。因此，本章选择其中的过渡金属 Pd 与碱金属 Li 在 SNS 表面做双金属共修饰，构建了 6%、13%和 20%不同 Pd、Li 含量（质量分数）的 Pd-Li/SNS 复合材料，从产物结构、微观形貌、氢扩散系数、氢吸附热力学和动力学性能等方面对产物进行系统分析和研究。

5.1 过渡金属 Pd、碱金属 Li 共沉积修饰硅基纳米片的制备

5.1.1 实验原料及仪器设备

本章实验所采用的实验原料和试剂如表 5-1 所列，实验仪器如表 5-2 所列。

表 5-1 实验原料和试剂

原料及试剂	化学式及简称	规格型号	生产厂商
硅化钙	$CaSi_2$	分析纯	Sigma-Aldrich
无水氯化亚锡	$SnCl_2$	分析纯	Adamas-beta
十二烷基硫酸钠	$C_{12}H_{25}SO_4Na$(SDS)	分析纯	Adamas-beta
氯化钯	$PdCl_2$	分析纯	上海麦克林生化科技有限公司
无水氯化锂	LiCl	分析纯	上海麦克林生化科技有限公司
聚四氟乙烯	PTFE	分析纯	天津市艾维信化工科技有限公司
乙炔黑	C	分析纯	天津市艾维信化工科技有限公司
硼氢化钠	$NaBH_4$	分析纯	天津市天力化学试剂有限公司
氢氧化钾	KOH	分析纯	天津市凯通化学试剂有限公司
无水甲醇	CH_3OH	分析纯	天津市天力化学试剂有限公司
无水乙醇	CH_3CH_2OH	分析纯	天津市光复科技发展有限公司
金属泡沫镍	Ni	分析纯	天津市艾维信化工科技有限公司
氢氧化钠(粒)	NaOH	分析纯	上海麦克林生化科技有限公司
盐酸	HCl	分析纯	西陇科学股份有限公司
二氧化碳	CO_2	高纯气体	太原市泰能气体有限公司
氢气	H_2	高纯气体	太原市泰能气体有限公司
氦气	He	高纯气体	山西安旭鸿云科技发展有限公司
氮气	N_2	高纯气体	太原市泰能气体有限公司

表 5-2 实验仪器

仪器设备	型号	生产厂家
电子天平	FA2004B	上海菁海仪器有限公司
磁力搅拌器	RCT digital	德国 IKA 仪器设备有限公司
微波合成仪	WKYⅢ-0.5	上海佳安分析仪器厂
鼓风干燥箱	DHG-9145A	上海一恒科技仪器有限公司
循环水真空泵	SHZ-DⅢ	郑州市亚荣仪器有限公司
数控超声波清洗器	KH3200DE	昆山禾创超声仪器有限公司
数显恒温水浴锅	HH-2	常州润华电器有限公司
经济型蠕动泵	TL-600T	无锡市天利流体工业设备厂
真空干燥箱	DZF	上海一恒科技仪器有限公司

续表

仪器设备	型号	生产厂家
高速离心机	HC-3018	安徽中科中佳科学仪器有限公司
电化学工作站	CHI760E	上海辰华仪器有限公司
超临界 CO_2 反应釜	HT-50GJ-DB	上海霍桐实验仪器有限公司

5.1.2 制备工艺

图 5-1（书后另见彩图）为制备 SNS 负载 Pd/Li 双金属的实验流程图。

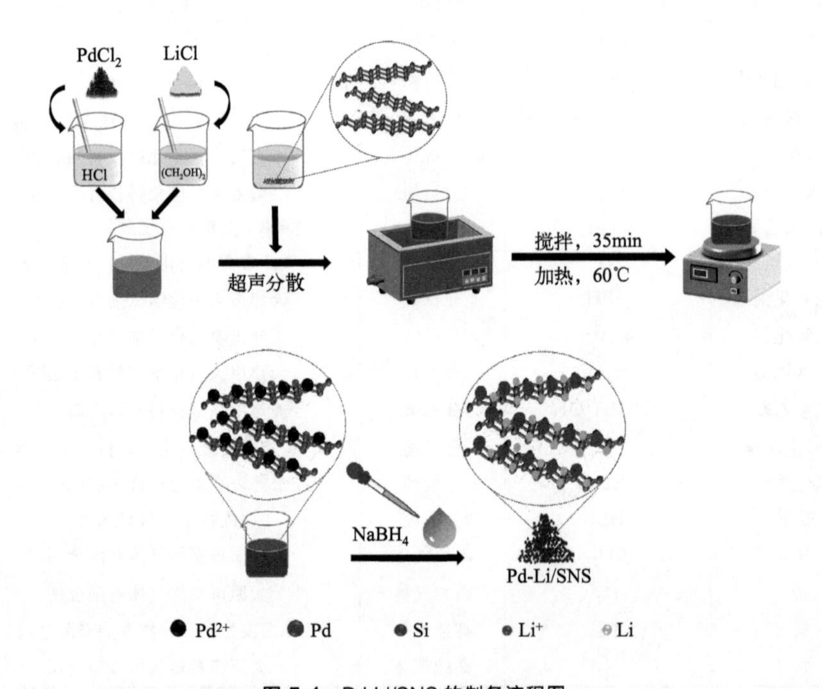

图 5-1　Pd-Li/SNS 的制备流程图

实验选择 $PdCl_2$ 和 LiCl 为金属源，通过沉积沉淀法在第 2 章甲醇制备的 SNS 上负载金属 Pd、Li，制备 Pd/Li 双金属修饰 SNS 的复合材料 Pd-Li/SNS，具体制备工艺如下。

（1） SNS 的制备

选择与第 2 章 MT-SNS 相同的实验方法。

（2）制备 Pd-Li/SNS 共沉积产物

在第 4 章过渡金属最佳比例的基础上，结合文献报道中 Li 在 SNS 表面的吸附力较小，并且 Li 元素的摩尔质量较小，在沉积产物中的损失较大，因此按照 $PdCl_2$ ∶ LiCl（摩尔比）为 1∶3，以总金属沉积量（质量分数）为 6%、13%、20%进行计算，称取样品备用。将 $PdCl_2$ 充分溶解于 37%的 10mL 浓盐酸中。将 LiCl 均匀分散于 10mL 乙二醇溶液中，将上述两个溶液均匀混合。将 SNS 加入混合溶液中搅拌均匀，超声分散 15min。然后加热至 60℃，以 550r/min 磁力搅拌 35min。将适量 $NaBH_4$ 溶于 20mL 乙二醇溶液中，用蠕动泵缓慢滴加至上述混合溶液中，保持溶液中速搅拌。滴加完成后，将溶液于室温下静置 24h。静置完成后洗涤抽滤，沉淀物置于乙醇中浸泡 24h。之后将沉淀物洗涤抽滤，于 60℃下真空干燥 12h，得到 Pd、Li 共沉积产物 Pd-Li/SNS。

（3）超临界二氧化碳干燥

将产物放入超临界 CO_2 反应釜中，安装紧固，确保密封性良好，连接气路、循环水，超临界干燥 4h，然后开始排气泄压。待反应釜中的高压降至常压，将样品取出立即进行后续表征和气体吸附测试。

5.1.3 材料结构表征及性能测试

本章所进行的 X 射线衍射分析（XRD）、扫描电子显微镜分析测试（SEM）、透射电子显微镜分析表征（HRTEM）、X 射线光电子能谱分析（XPS）、BET 比表面积测定分析（BET）、红外光谱分析（FT-IR）、拉曼光谱分析（Raman）、高压气体吸附测试（PCT、动力学性能）等表征，选用与第 2 章相同的仪器设备，氢扩散系数测定及实验装置选择与第 4 章相同的仪器设备。其他测试方法有电感耦和等离子体光学发射光谱测定（ICP-OES），选用 Agilent 5110 型电感耦合等离子体发射光谱仪（安捷伦，美国）对样品的元素组成和含量进行测定。

5.2 Pd-Li/SNS 的表征与分析讨论

5.2.1 Pd-Li/SNS 的成分与结构分析

图 5-2 为 6%、13%、20%（质量分数）Pd-Li/SNS 以及 SNS 的 XRD 图谱。从中可以看出，三个样品在 SNS 衍射图样的基础上，新增了金属 Pd

(111)、(200)、(220) 晶面的特征衍射峰，说明该方法在 SNS 表面成功沉积了金属 Pd。三个样品的 XRD 图中没有出现 Li 的衍射峰，这是因为锂产生的特征 X 射线波长太长，仪器无法检测到 Li 元素的信号。

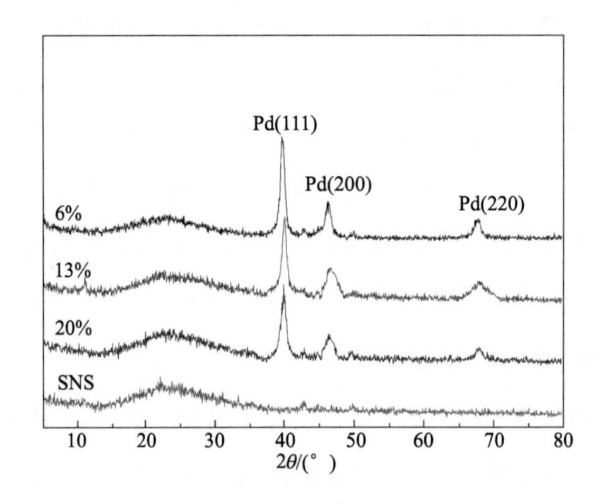

图 5-2 6%、13%、20%（质量分数）金属掺量 Pd-Li/SNS 的 XRD 图谱

图 5-3 为 6%、13%、20%（质量分数）Pd-Li/SNS 及 SNS 的 FT-IR 和 Raman 图谱。由图 5-3(a) 可以看出，三种产物的红外光谱曲线具有相同的官能团振动峰，但是强度不同。797cm^{-1} 处的振动峰对应 Si—O 官能团，920cm^{-1} 和 2135cm^{-1} 处的振动峰对应 Si—H/H—Si—H 官能团，800cm^{-1} 和 1052cm^{-1} 处的振动峰对应 Si—O—Si 官能团，在 1631cm^{-1} 和 3400cm^{-1} 处的特征峰为羟基振动峰。1500cm^{-1} 和 3000cm^{-1} 前后几个低强度的小峰是 CH_x 产生的，与文献 [10] 的描述基本一致。这些结果与未负载的 SNS 原始的 FT-IR 结果相似，但 13%的 Si—H_x 强度却更高。拉曼测试结果与未负载的 SNS 相比 [图 5-3(b)]，三个样品均出现了 Li—O 振动峰，部分 SiH_x、SiOH 以及 $OSiH_n$ 官能团消失，与 FT-IR 的表征结果一致。这是因为一些表面官能团是金属沉积的活性位点，参与了金属沉积反应的过程，也证明了金属 Li 沉积成功。由此可知，Pd、Li 双金属的沉积对 SNS 表面官能团影响很大，*Nature* 期刊最新报道的文献研究结果表明[11]，在 SNS 表面引入 Pd，可以通过 Pd 对 H 独特的吸附能力，在催化反应中实现 SNS 表面的自还原，避免产物氧化，这一特性对氢气在材料表面的吸附有十分重要的作用。

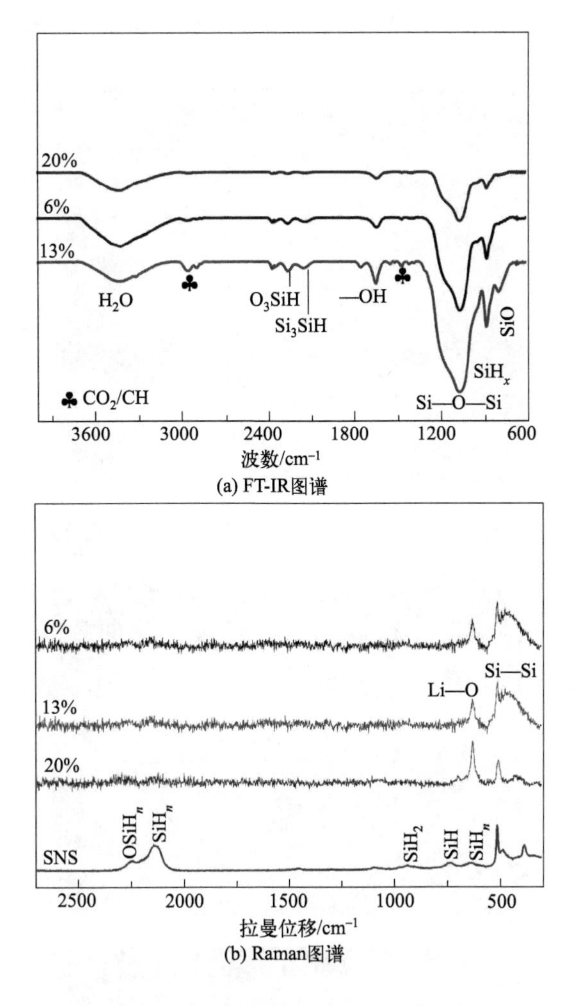

图 5-3 6%、13%、20%（质量分数） Pd-Li/SNS 的 FT-IR 和 Raman 图谱

5.2.2 Pd-Li/SNS 的微观形貌分析

三种产物的扫描电子图像如图 5-4 所示。

从图 5-4 中可以看出，当金属沉积量（质量分数）为 6%时[图 5-4(a)和(d)]，在片层分散良好的 SNS 上，金属颗粒沿着片层侧边纵向生长，而 SNS 表面却没有沉积颗粒，说明 SNS 的边缘比表面的活性高，是金属沉积时首选的活性位点。之前有研究表明[8]，SNS 边缘含有大量 π 键，易于破坏且与金属离子形成强烈的吸附作用，与实验所得结果一致。当金属沉积量增加到 13%时

[图 5-4(b)和(e)]，不仅 SNS 的侧面均匀分布着金属颗粒，在 SNS 的表面也

(a)
(b)
(c)

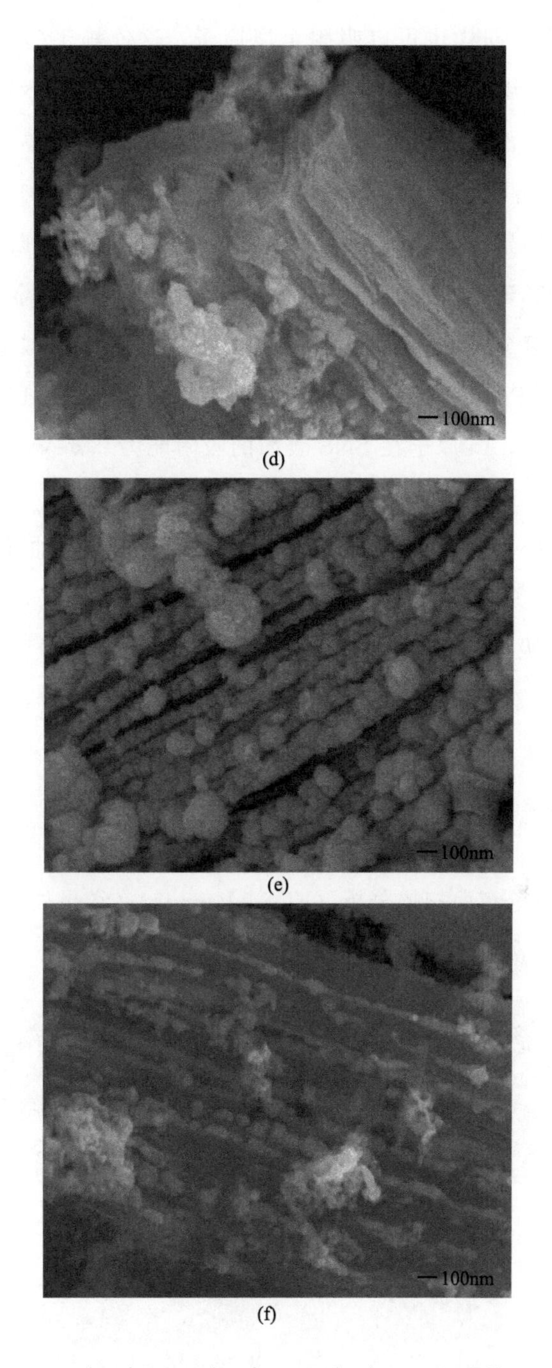

(d)

(e)

(f)

图 5-4 6%（a,d）、13%（b,e）、20%（c,f）Pd-Li/SNS 的 SEM 图

沉积了金属颗粒，这说明虽然 SNS 边缘处断裂的 π 键为沉积首选的高活性位

点，但是SNS表面同样也可以吸附金属原子，这依赖于硅基纳米片SNS中 sp^2/sp^3 的杂化结构[8]。从图5-4(e)中可以看出，金属纳米颗粒在SNS片层边缘呈弥散分布，没有出现大颗粒团聚现象，说明以乙二醇构建的沉积体系，$NaBH_4$ 联合乙二醇进行还原反应的沉积方案，可以获得均匀分布的金属颗粒，避免金属颗粒的团聚。同时，这与SNS表面对金属原子极强的吸附作用有直接关系。模拟计算理论研究的结果表明[12]，石墨烯表面对金属原子的吸附能大约为1eV，过渡金属Pd原子之间的内聚能为3.89eV，碱金属Li的内聚能为1.63eV，因此Pd和Li会在石墨烯表面发生团聚。而Pd原子在SNS表面的吸附能达4.2eV，Li原子在SNS表面的吸附能为2.5eV，均大于各自的内聚能，因此Pd、Li可以在SNS表面均匀分布而不团聚[12]，该结构为材料在后续的氢吸附中提供了良好的条件。但是当金属沉积量增加到20%时［图5-4(c)和(f)］，Pd、Li晶粒在基体表面均匀沉积之后继续生长，这说明当金属与SNS表面的π键吸附饱和后，多余的金属离子会在晶体驱动力的作用下进一步结晶长大，形成大直径的团聚颗粒，对材料的氢吸附性能将会产生严重影响。

为了准确测定三个样品的元素含量，采用Thermo公司的SYSTEM 7设备，在800倍率、15kV加速电压下，对质量分数为6%、13%、20%的Pd-Li/SNS进行能量分布面扫描分析（EDS-Mapping），结果如图5-5所示（书后另见彩图）。EDS测试结果列于表5-3。

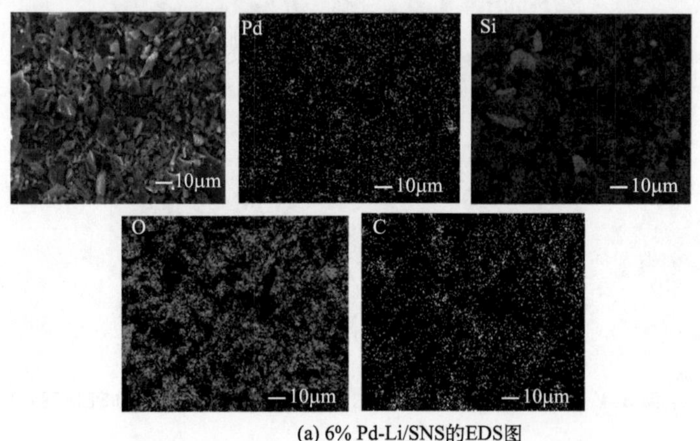

(a) 6% Pd-Li/SNS的EDS图

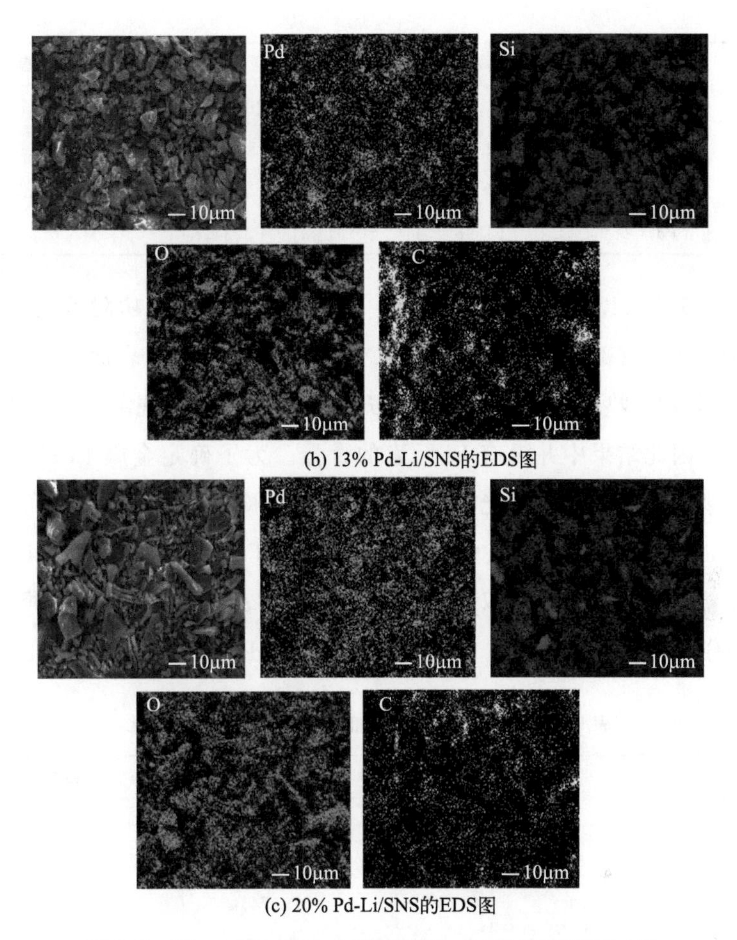

(b) 13% Pd-Li/SNS的EDS图

(c) 20% Pd-Li/SNS的EDS图

图 5-5 6%、13%、20%（质量分数）Pd-Li/SNS 的 EDS 图

表 5-3 Pd-Li/SNS 中各元素的 EDS 测试结果

样品	元素	线系	元素质量/%	质量误差/%	原子/%	原子误差/%
6%	C	K	6.20	±0.22	10.30	0.37
	O	K	47.36	±0.29	59.09	0.37
	Si	K	41.85	±0.17	29.75	0.12
	Pd	L	4.60	±0.21	0.86	0.04
13%	C	K	10.49	±0.24	17.41	0.39
	O	K	46.67	±0.31	58.16	0.39
	Si	K	31.39	±0.14	22.28	0.10
	Pd	L	11.45	±0.26	2.15	0.05

续表

样品	元素	线系	元素质量/%	质量误差/%	原子/%	原子误差/%
20%	C	K	6.55	±0.25	12.03	0.47
	O	K	40.06	±0.30	55.26	0.41
	Si	K	37.41	±0.16	29.39	0.12
	Pd	L	15.98	±0.31	3.31	0.06

从图5-5中可以看出，三个样品中的Pd金属颗粒成功附着在SNS片层中，片层表面含有部分含氧官能团，C元素来自导电胶的表面。由于Li属于轻元素，其微观线度小于X射线的波长，不会发生衍射现象，EDS能谱测试检测不到，因此结果中并没有Li元素的含量。为了确定金属Li的沉积情况，采用电感耦合等离子体发射光谱仪（ICP-OES）检测三种产品中两种金属的准确含量，如表5-4所列。从表中可以看出，ICP-OES测定的Pd、Li含量与实验设定量差别不大，这说明双金属Pd/Li在SNS表面沉积成功，获得了金属含量（质量分数）为6%、13%、20%的复合材料Pd-Li/SNS。

表5-4 Pd-Li/SNS实验添加量和ICP-OES测试结果

样品编号	实验添加量		ICP-OES测试结果	
	Pd	Li	Pd	Li
6%	5%	1%	4.86%	0.92%
13%	10%	3%	9.74%	2.86%
20%	15%	5%	14.37%	4.79%

为了进一步观察Pd、Li金属在SNS表面的沉积状况，采用透射扫描电镜对6%、13%、20%含量（质量分数，下同）的Pd-Li/SNS样品进行表征，结果如图5-6所示（书后另见彩图）。从图中可以看出，6%的复合产物含有少量金属，均匀分散在SNS表面上，高倍率图（b）显示，金属颗粒虽弥散分布但含量偏少，在后续氢吸附性能测试中也证明，该样品的金属含量太少，没有达到性能提高的目的。当金属沉积含量增大到13%时，从图（c）中可以看出，金属颗粒弥散地分布在SNS表面，两种大小不同的颗粒分布均匀，没有出现较多的团聚大颗粒。经过分析高倍率图（d）中的晶格结构，颜色偏深的大直径颗粒晶面间距为0.195nm，对应Pd（200）晶面，颜色浅的小颗粒晶面间距为0.176nm，对应晶面Li（220），说明13%的Pd、Li两种金属颗粒均匀地沉

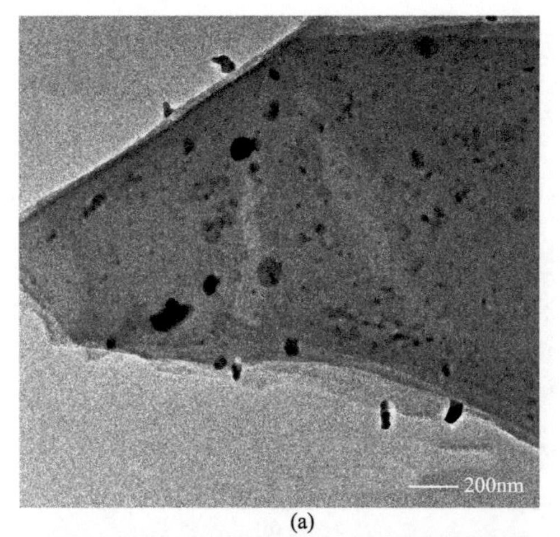

(a)

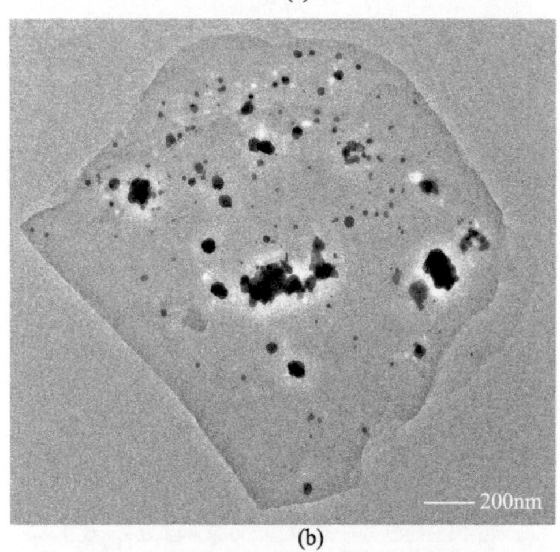

(b)

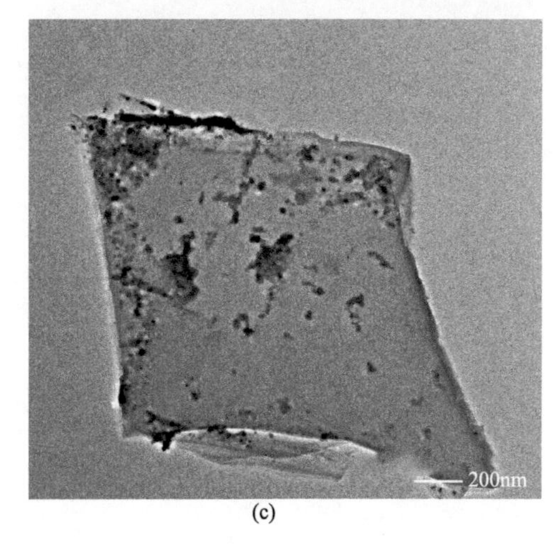

(c)

图 5-6

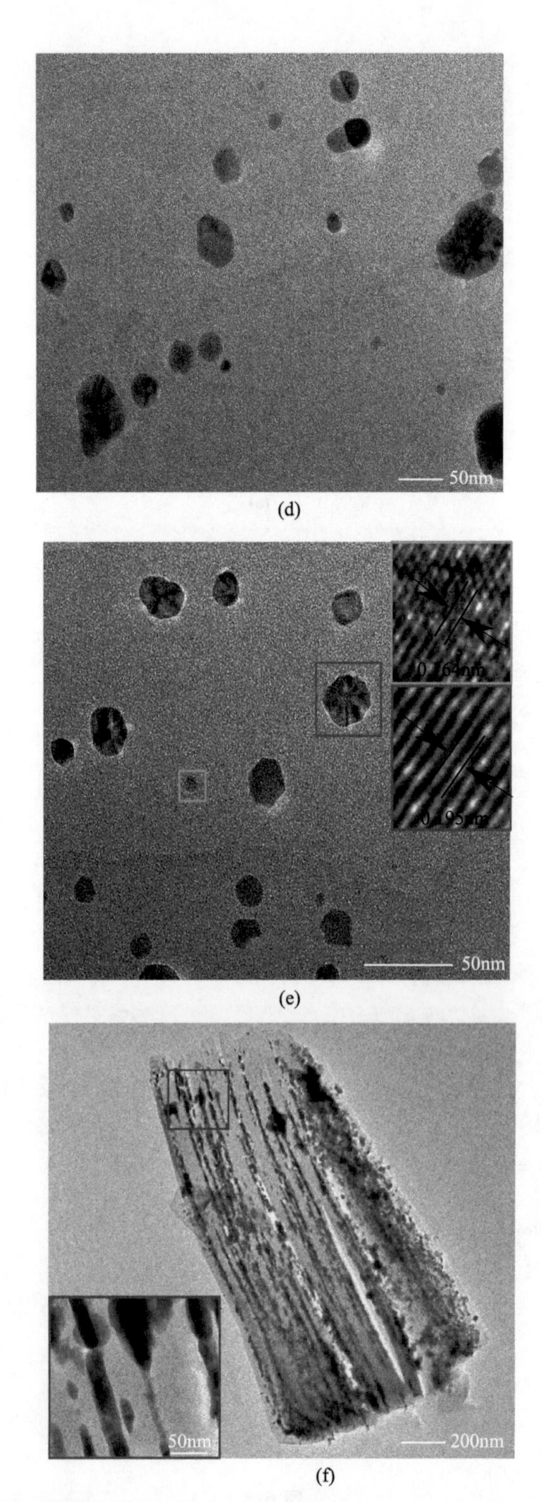

图 5-6 6%（a,b）、13%（c,d）、20%（e,f） Pd-Li/SNS 的 TEM 图

积在 SNS 表面。在纳米金属颗粒的催化反应中，颗粒分散的均匀性对复合材料性能的影响很大，在催化反应中避免颗粒团聚是十分必要的[13,14]。当金属含量进一步增大到 20%时[图 5-6(e)、(f)]，金属颗粒在 SNS 侧面和表面都发生了沉积，而且在 SNS 表面形成大量颗粒团聚，从高倍率图（f）中可以明显看出，在层与层之间的缝隙中分布了大量的金属颗粒，所有颗粒聚集在一起，出现了明显的融合和团聚，生成尺寸较大的颗粒，无法实现均匀分布，这将严重影响氢气在材料表面的吸附。

5.3 Pd-Li/SNS 电化学性能测试与分析

本节采用电化学工作站配合 Devanathan-Stachurski 双电解池实验装置（同第 4 章），对 Pd-Li/SNS 的电化学性能进行测试实验，通过考察样品的氢扩散系数讨论样品的氢吸附能力。为了描述方便，按照 6%、13%、20%的不同金属含量（质量分数），三个样品依次命名为 MT-SNS-6、MT-SNS-13 和 MT-SNS-20。

在氢扩散体系中，电解质产生的氢在电极电流作用下，从电极的渗入面扩散至工作电极表面，完成扩散过程的第一步；接着通过吸附从外表面传递到材料的内表面，完成内扩散；吸附氢沿着工作电极内部发生扩散，最后从工作电极内表面呈稳态析出，形成稳态扩散电流。在以往的电化学研究报道[15] 中，认为在氢扩散初期，以电极双电层完成充电和电荷在电极溶液界面转移过程为主，在阶跃后期达到稳定电流密度时才真正开始氢扩散的过程；同时，电极表面的粗糙程度对电极的响应电流影响较大，扩散前期是电子克服能垒与电极形成交互和穿透的过程，属于非稳态阶段，因此在计算氢扩散系数时要选择稳态阶段的扩散曲线计算扩散系数，选择达到稳态后的计算公式。氢在电极中的扩散模型如图 5-7 所示。氢在扩散体系中逐渐进入工作电极，形成初期的非稳定状态，随着时间的推移，离子浓度逐渐增加，形成稳定的扩散浓度，体现在电流时间曲线中后期的稳定阶段。

实验选择电化学渗氢法联合双电解池实验装置进行测试，结果如图 5-8 所示。根据实验所得曲线，按照第 4 章中式(4-1) 和式(4-2) 计算材料的氢扩散系数 D_H，结果列于表 5-5。从图 5-8 中可以看出，MT-SNS-13 的氢扩散电流

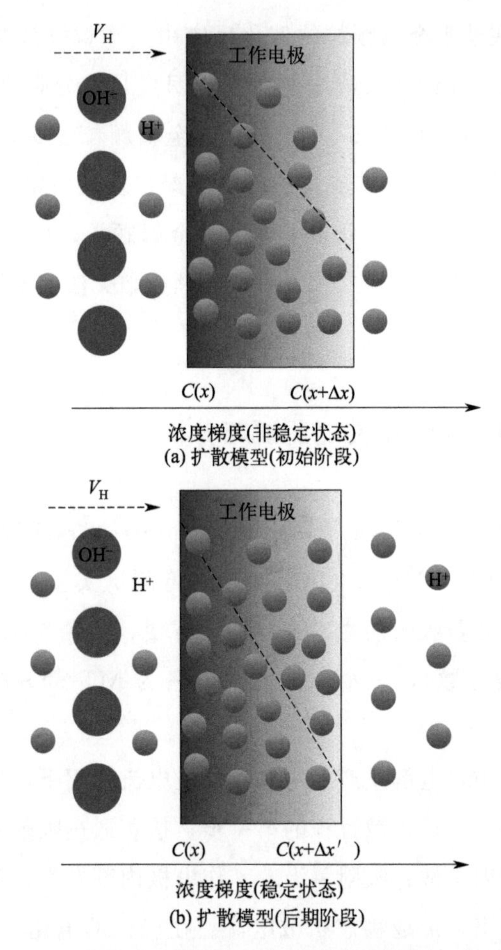

图 5-7 电化学测试中氢扩散模拟图

最大，MT-SNS-6 和 MT-SNS-20 的氢扩散电流较小，并且在扩散前期发生了明显的电子扰动。从前述氢扩散阶段的分析可知，电极表面的粗糙度对响应电流信号的干扰很大[15]，MT-SNS-6 的金属含量只有 6%，不足以在 SNS 表面全面修饰，载体表面只有一部分 π 键与金属颗粒结合，导致材料表面均一性较差，因此在扩散过程中电子扰动很大。MT-SNS-20 则是由于在金属颗粒与 SNS 表面 π 键结合完全后，出现了晶体继续长大和颗粒团聚，造成载体表面部分金属颗粒的活性下降，致使表面吸附位点活性不一，形成扩散过程中的电子扰动。

从表 5-5 氢扩散系数的计算结果可以看出，三个样品氢扩散系数的数量级均达到 10^{-6}，与第 4 章的讨论结果相比，整体提高了一个数量级，这是一个非常大的提高，说明过渡金属 Pd 与碱金属 Li 共同提高 SNS 氢扩散能力的效果很好。三个产物中 MT-SNS-13 具有最大的氢扩散系数 8.40×10^{-6}，氢扩散的速度最快，电极性能最好，因此 13%含量的 Pd、Li 金属负载量用于修饰 SNS 表面是非常适宜的。

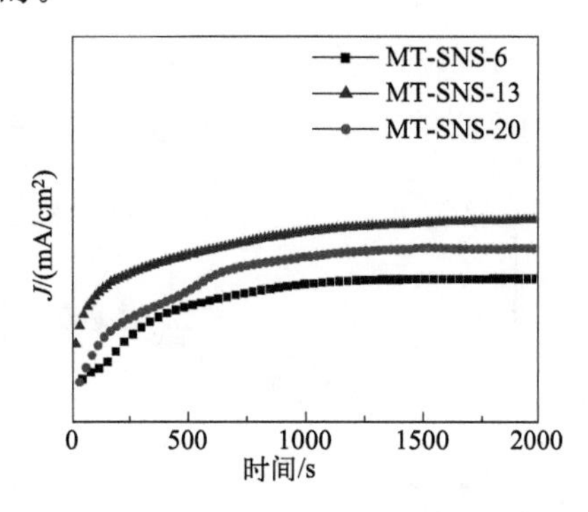

图 5-8 MT-SNS-6、MT-SNS-13 和 MT-SNS-20 的电化学测试图

表 5-5 6%、13%、20% Pd-Li/SNS 的氢扩散系数计算结果

样品	稳态电流/mA	滞后时间/s	滞后电流/mA	氢扩散系数
MT-SNS-6	0.167	980	0.105	1.53×10^{-6}
MT-SNS-13	0.220	762	0.139	8.40×10^{-6}
MT-SNS-20	0.186	1120	0.117	5.71×10^{-6}

5.4 Pd-Li/SNS 气态储氢性能测试与分析

5.4.1 Pd-Li/SNS 的储氢热力学性能分析

为了考察 Pd-Li/SNS 的储氢性能，我们采用高压气态吸附仪对产物的氢吸附能力进行测试，实验条件为 425K、450K、475K 和 500K，压力 4.5MPa，实验结果如图 5-9 所示。为了考察材料中金属含量对吸氢能力的影响，图 5-9 以相同温度不同样品的氢吸附量作图。从图中可以看出，随着压力上升，所有样品的氢吸附量均呈不断增大的趋势，出现了略微的饱和吸氢平台压，这与 SNS 表面的金属颗粒达到吸氢饱和态有关。但是整体仍然呈现物理吸附的特点，这是因为 SNS 仍为吸附主体，以物理吸附作用为主。如图 5-9 所示，当温度为 425K 时，三个样品的氢吸附量（质量分数，下同）都较小，不超过 2%；而随着温度上升到 450K，样品的吸氢量均有所增大，其中 MT-SNS-13 的吸氢量提高最多，达到了 3%以上；当温度继续上升到 475K 时，吸氢量进

一步增大，MT-SNS-13 达到最大储氢量 4.5%。这说明温度升高对 Pd-Li/SNS 的氢吸附是有利的。为了验证是否温度越高对 Pd-Li/SNS 吸附氢越有利，实验选择了更高的温度 500K 进行测试，从图 5-9(d) 中可以看出，当温度继续上升时，氢吸附量发生了大幅下降，因为过高的温度会加剧氢分子的热振动，材料表面对氢分子的吸附能不足，导致氢吸附量下降。

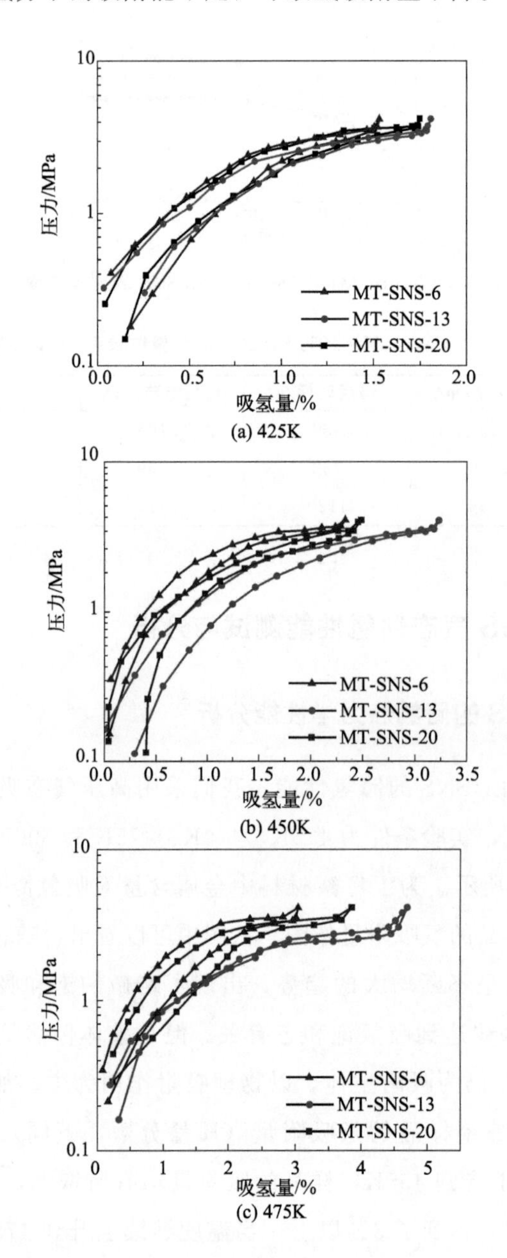

(a) 425K

(b) 450K

(c) 475K

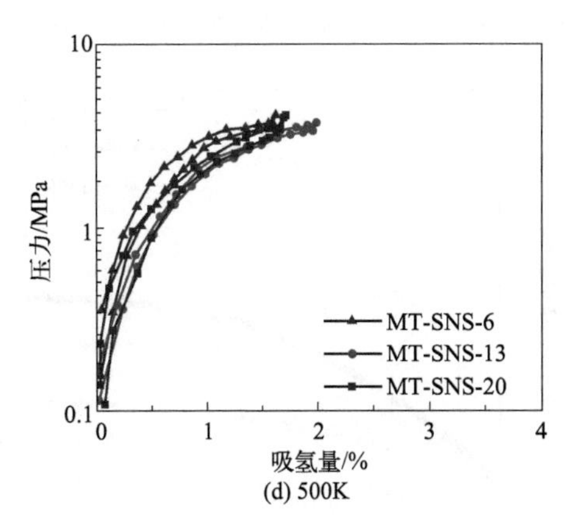

(d) 500K

图 5-9 6%、13%、20% Pd-Li/SNS 的 PCT 测试

实验结果的具体数值列于表 5-6。通过对比表中数据可知，三个温度下均是 MT-SNS-13 表现出最大吸氢量，其中 MT-SNS-6 的氢吸附量最小，MT-SNS-20 次之。这说明 MT-SNS-13 产物的结构最适合储氢。从前面对产物结构和沉积状态的分析可知，与 MT-SNS-6、MT-SNS-20 相比，MT-SNS-13 表面的金属沉积量适当，颗粒大小更规整，分布均匀而无明显团聚，而 MT-SNS-6 中金属负载量仅为 6%，较少的金属沉积量无法完全满足 SNS 表面的修饰需求，导致性能优化效果不佳。而当金属含量达到 20%时，过高的金属含量必然引起颗粒的团聚，对氢吸附产生消极的作用，这说明沉积金属的均匀性对材料的氢吸附性能影响很大，这一点与第 4 章的结论与机理是相似的。

表 5-6 不同金属沉积量 Pd-Li/SNS 在 PCT 测试中的吸氢量

样品成分	样品吸氢量(质量分数)/%			
	425K	450K	475K	500K
6%	1.50	2.30	2.87	1.89
13%	1.78	3.24	4.50	2.51
20%	1.68	2.40	3.81	1.92

5.4.2 Pd-Li/SNS 的储氢动力学性能分析

在氢吸附 PCT 测试中，为了验证储氢性能是否会随着温度的升高而继续提高，实验设计了在 500K 时的氢吸附测试，但结果表明 500K 的温度太高，加剧了分子振动，并不利于氢的吸附，并且 500K 严重偏离了实际应用的工作环境，因此在讨论氢吸附速率的部分进行舍弃，选择在 425K、450K 和 475K

时测试 Pd-Li/SNS 的动力学性质，结果如图 5-10 所示。

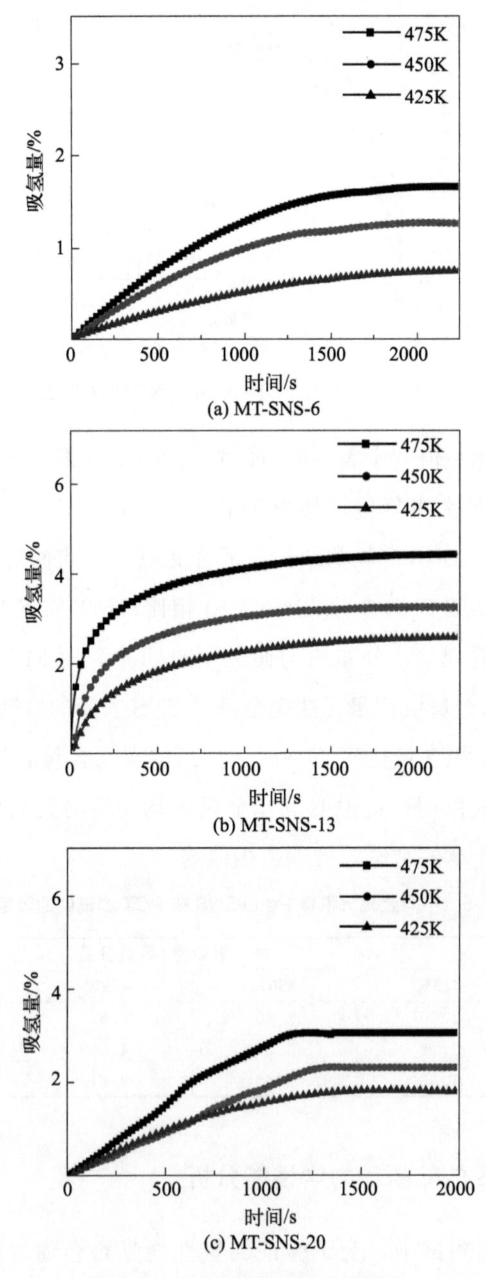

图 5-10 Pd-Li/SNS 的动力学测试

从图 5-10 中可以看出，三个样品的吸氢速度均随温度的升高而增大，在 475K 时表现出各自的最佳性能，说明温度的升高对产物的吸氢速率有正向的影响。图 5-10(a) 中 MT-SNS-6 在 475K 时具有最短的稳态时间 1410s，与第 2 章中 MT-SNS 达到稳态的时间 2500s 相比有较大提高，说明 Pd、Li 双金属在 SNS 表面修饰有效提高了材料的氢吸附速率。图 5-10(b)和(c)中，随着温度从 425K 上升到 475K，MT-SNS-13 和 MT-SNS-20 的氢吸附速率呈现持续增大的趋势，在 475K 时达到各自的最大值，说明温度的升高加速了金属颗粒的激活速度，加快了氢溢流的进程，促进了氢在材料表面的扩散，提高了整体的氢吸附速率。

Pd-Li/SNS 的动力学数据列于表 5-7。通过对比数据发现，MT-SNS-13 在 475K 时具有所有结果中最短的稳态时间 980s，表明其动力学性能最好。结合前面 SEM、TEM 和 PCT 的分析可知，金属颗粒在产物表面的弥散分布与团聚对材料氢吸附量和氢吸附速率都有很大影响。过渡金属 Pd 在 SNS 表面通过氢溢流机制促进氢吸附，获得纳米级的负载颗粒对改善基体的储氢性能十分重要，与载体形成一个尺度均一、分布均匀的表面，是促进氢溢流机制完成的关键。

表 5-7　不同金属沉积量 Pd-Li/SNS 的动力学数据

样品成分	达到吸氢稳态的时间/s		
	425K	450K	475K
6%	1690	1512	1410
13%	1375	1023	980
20%	1448	1206	1052

同时，碱金属 Li 在 SNS 表面沉积时，会通过向基底贡献 1 个电子完成紧密结合，然后通过静态多级库仑作用与氢发生吸附[9]，这个过程依赖于 Li 在载体表面的独立分布，因此 MT-SNS-13 正是由于表面金属颗粒分布均匀，实现了提高载体氢吸附性能的最佳效果。而 MT-SNS-20 由于金属颗粒严重的团聚削弱了 Pd 的氢吸附能力，材料表面初级活性位点数量减少，不易发生氢溢流现象，阻碍了激活次级吸附位点的进程，减小了材料的氢吸附速率。

5.5 Pd/Li 共沉积改善硅基纳米片储氢性能的机理分析

根据前述 PCT 热力学和动力学测试结果，将金属沉积量（质量分数）为 6%、13%、20%的 Pd-Li/SNS 产物的氢吸附量、氢吸附饱和时间对比作图，如图 5-11 所示。

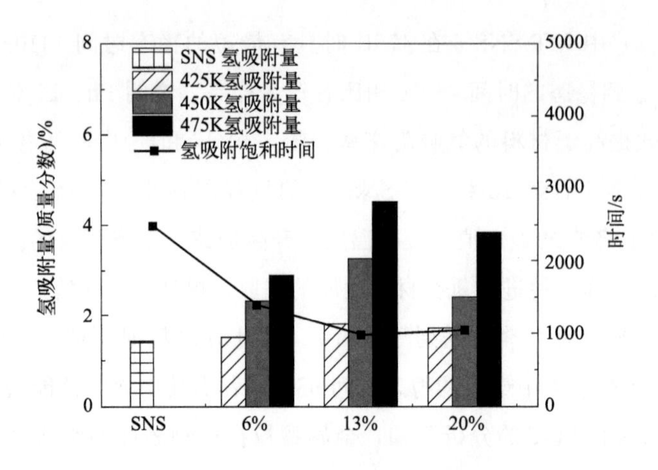

图 5-11　Pd-Li/SNS 在不同温度下的储氢性能

从图 5-11 中可以看出，与 SNS 相比，经过 Pd、Li 双金属修饰后的 Pd-Li/SNS 氢吸附量和动力学性能均有所提高，其中 13%负载量的产物性能最好，虽然距应用标准有一定的差距，但是与第 4 章中性能最好的 10%Pd-Ni/SNS 相比，其性能已有所提高，说明选择过渡金属 Pd、Li 沉积在二维硅材料 SNS 的表面是一种提高载体氢吸附性能的有效方法，并且金属沉积量对材料性能的影响很大。本节将从电子结构、金属种类、晶体结构等方面详细分析性能提高的机理。

5.5.1　电子结构对 Pd-Li/SNS 氢吸附性能的影响

Pd 作为过渡元素，外层电子排布存在空 d 轨道，通过空 d 轨道电子与氢的 s 轨道电子生成 π 键和反馈 π 键，以 Kubas 作用与 H 结合，该结合作用属于弱化学键，结合强度介于物理吸附与化学吸附之间，经常用作储氢、催化加氢等领域的催化剂[16-20]。Li 作为一种碱金属，具备较低的内聚能、较小的分子量，与氢气的吸附强度介于化学吸附和物理吸附之间，较适宜吸/脱附氢气，常用于产析氢等催化反应中。

为了探讨 Pd、Li 双金属在 SNS 表面的电子状态，采用 X 射线光电子能谱分析方法（XPS）测试了 6%、13%、20%Pd-Li/SNS 中 Pd、Li、Si、O 元素的电子结合态，结果如图 5-12(a)～(c)中可以看出，三个产物中 Pd 3d 电子结合能差别不是很大，只有当金属沉积量为 13%时，Pd 的电子结合能

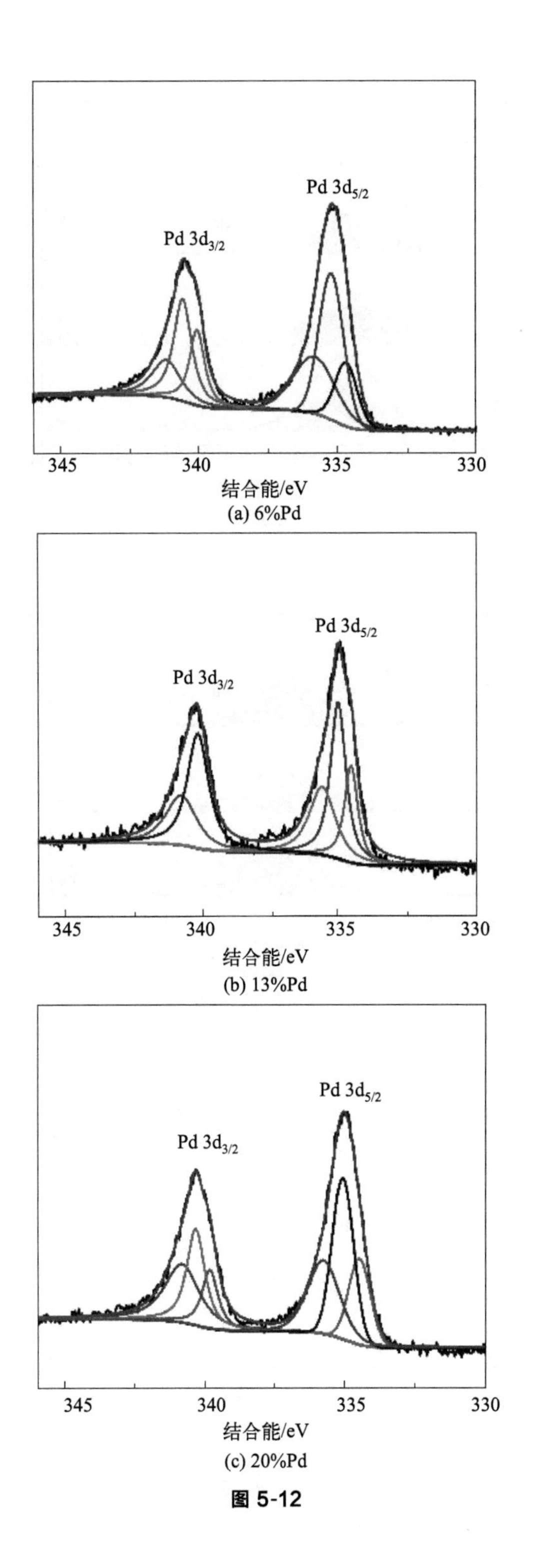
Pd 3d5/2
Pd 3d3/2
345
340
335
330
结合能/eV
(a) 6%Pd
Pd 3d5/2
Pd 3d3/2
345
340
335
330
结合能/eV
(b) 13%Pd
Pd 3d5/2
Pd 3d3/2
345
340
335
330
结合能/eV
(c) 20%Pd

图 5-12

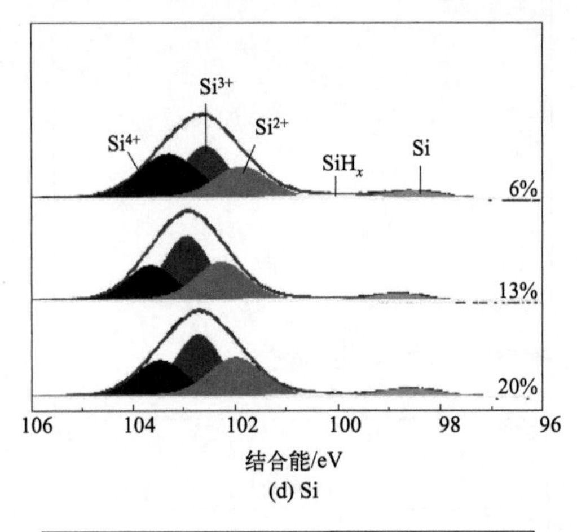

(d) Si

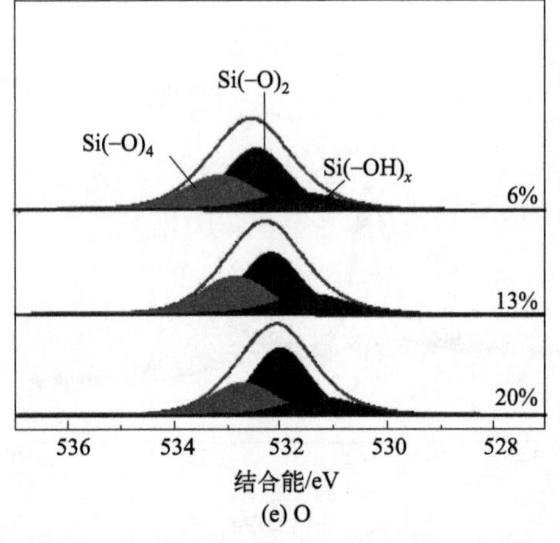

(e) O

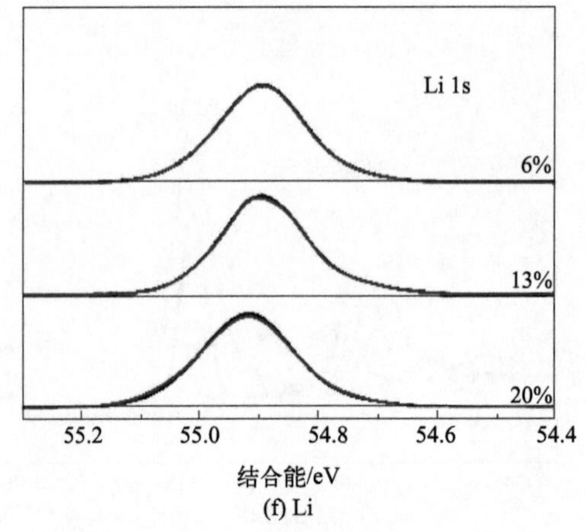

(f) Li

图 5-12 Pd-Li/SNS 的 XPS 图

较低，相应的 Si 化合价较低，强氧化态的含量更少［图 5-12(d)］，O 的含量更低［图 5-12(e)］，并且相应的 Li 的结合能也较低［图 5-12(f)］，这说明弥散分布的 Pd 可以更好地与 SNS 表面的 H 结合，增加产物中的还原态，这与 *Nature* 报道的研究中关于 Pd 的负载可以实现 SNS 表面自还原的理论是相似的[7]。

正如王玉生[8] 在论著中表述，每个 Li 会向 SNS 表面捐献大约 1 个电子，与载体形成局域电场，通过静电库仑作用和极化作用吸附第一层氢分子。Li 原子与氢分子间的距离是所有碱金属中最小的，大约 2.05Å，这使得第一个被吸附的氢分子极化，键长增大至 0.751～0.767Å，形成准分子，对第二层氢分子产生较强的吸附作用，因此每个 Li 原子最多可以吸附 3 个氢分子。盛喆等[9] 利用第一性原理模拟金属 Li 对 SNS 表面的修饰过程，研究结果表明由于 Si 原子的电负性大于 Li 原子，Li 向载体转移了将近 1 个电子后，使得 Li 和 Si 均呈现略显电性的极化状态，彼此之间形成局域电场，态密度的分析结果显示，Li 的 s 轨道电子首先占据了 Si 原子的 p 轨道，导致周围其他 Si 原子的配位场引起 Li 原子的 p 空轨道发生劈裂，将少部分电子补偿给 Li 的 p 轨道，形成 Li 和 Si 之间高达－4.98～－0.51eV 的 s-p 和 0.6～0.23eV 的 p-p 轨道杂化。正是通过这样的相互作用，Li 在氢与 SNS 之间充当着不可或缺的桥梁作用，构筑起载体与修饰体之间的“连接桥”，提高了载体的氢吸附能力。而当金属负载量较少或过多时，由负载量不足和颗粒团聚带来的 Kubas 作用和杂化作用减弱，成为制约材料氢吸附性能提高的主要障碍。

5.5.2 金属种类对 Pd-Li/SNS 氢吸附性能的影响

与第 4 章相比，本章的实验方案是在前一章过渡金属负载量的基础上，增加了碱金属 Li 的沉积，希望复合材料在除了过渡金属 Kubas 的吸附作用以外，通过 Li 引入静态多极库仑作用，进一步增强 SNS 吸附氢的性能。从 PCT 和动力学性能来看，材料的最大氢吸附量（质量分数）从 4.15％提高到 4.5％，吸附速率也有所提高，说明该方案取得了良好的改性效果。我们进一步模拟 Pd、Li 在 SNS 表面的沉积过程，如图 5-13 所示（书后另见彩图）。

Pd 在过渡金属中是除 Pt、Au 以外氢吸附能力最强的原子；Li 在碱金属中原子半径最小，与 SNS 表面结合后间距最小。有理论计算研究表明，Pd、Li 在 SNS 表面的首选吸附位点都是 H 位，即每个六元 Si 环中心的上方，Pd

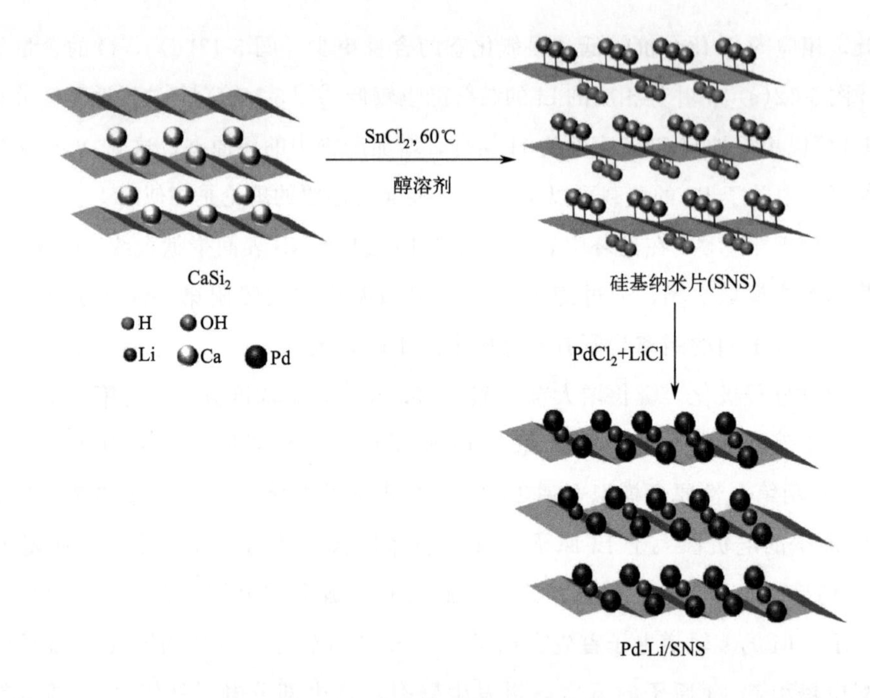

图 5-13　Pd、Li 在 SNS 表面沉积过程的模拟图

位于距离中心上方 0.6Å 的位置，Li 则位于 1.22Å 的高度。由表 5-8[12] 不同金属的结合能和内聚能对比数据可知，Pd 原子在 SNS 表面的吸附能达 4.2eV，大于 Pd 原子之间的内聚能 3.89eV，可以实现与基体紧密结合而不团聚，同时 Pd 与 Si 可形成反馈 π 键，产生强烈的 Kubas 作用，通过氢溢流机制激活载体表面更多的次级吸附位点；碱金属 Li 在 SNS 表面的吸附能为 2.129eV，同样大于 Li 的内聚能 1.63eV，也可实现弥散分布，通过轨道杂化增强静电库仑作用和极化作用，与 Pd 共同成为复合材料的初级活性位点，联合完成氢扩散过程的第一个步骤，之后通过氢溢流机制扩散至 SNS 表面，激活大量的次级活性吸附点，提高载体的氢吸附能力，因此 SNS 表面金属颗粒的弥散分布对氢吸附的促进是至关重要的。

表 5-8　不同金属的结合能和内聚能对比数据[12]

金属原子	吸附位点	结合能 E_b/eV	内聚能 E_c/eV	E_c/E_b	h/Å
Pd	H	4.200	3.890	1.080	1.21
Ni	H	4.776	4.440	1.076	0.27
Li	H	2.129	1.630	1.306	0.60

但是由于 Li 和 Pd 的首选吸附位点都是 H 位，当沉积量为 20％时金属颗粒在首选吸附位点发生争夺，必然有部分颗粒处于 H 位以外的次吸附点，该位点的结合能较小，当结合能小于内聚能时颗粒与载体发生脱附，形成团聚大颗粒，导致催化作用减弱，所以合适的金属负载量对氢吸附性能的提高十分重要。表 5-9 列举了 Pd-Li/SNS 与其他部分文献的研究数据，从表中可以看出，本章制备的 Pd-Li/SNS 具备良好的氢吸附性能。

表 5-9 不同材料的储氢量对比

主要材料	储氢量(质量分数)	条件	参考文献
$Cu_3(BTC)_2$	1.6％	77K，30bar	[21]
UiO-66	5.1％	77K，100bar	[22]
Pd-HNTs-MOFs	0.32％	298K，2.65MPa	[23]
Mg/ZIF-67	3.7％	447K，15MPa	[24]
$Zn_4O(BDC)_3$	5.2％	77K，50bar	[25]
UIO-66(H_2ADC)	2.38％	298K，5MPa	[26]
NU-100	9.95％	77K，5.6MPa	[27]

5.6 过渡金属 Pd、碱金属 Li 共沉积修饰硅基纳米片的应用

本章采用过渡金属 Pd、碱金属 Li 对 SNS 进行表面修饰，获得了 6％、13％和 20％三个不同金属含量的 Pd-Li/SNS 复合材料，从材料结构、微观形貌、表面官能团以及氢吸附热力学、动力学性能等方面进行了研究，结果表明产物 13％的 Pd-Li/SNS 是一种性能良好的储氢材料，具有较高的氢吸附量和较大的吸氢速率，并从材料结构、电子结构、储氢机制等方面对性能提高的机理进行了详细分析。

① 以 $PdCl_2$ 和 LiCl 为金属源，通过沉积沉淀法在 SNS 表面沉积了 6％、13％和 20％含量的 Pd、Li 双金属，获得了 Pd-Li/SNS 储氢复合材料，通过对产物结构、形貌和表面官能团的分析表明，13％的 Pd-Li/SNS 具有稳定的成分，Pd、Li 金属颗粒大小均匀，在 SNS 表面弥散分布而不团聚，结构良好。

② 电化学测试的结果表明，三种产物的氢扩散系数均达到了 10^{-6}，表现出良好的氢扩散能力，说明 Pd、Li 双金属在 SNS 表面的负载可以有效提高氢的扩散速率。

③ 热力学和动力学性能测试的结果表明，SNS 在经过 Pd、Li 双金属表面修饰后，氢吸附量和吸氢速率得到很大提高，其中 13%的 Pd-Li/SNS 在 475K 时具有最大的氢吸附量（质量分数）4.5%，同时也表现出最大的氢吸附速率。

④ 对 Pd-Li/SNS 的氢吸附机理的研究表明，过渡元素 Pd 仍以 Kubas 作用吸附氢，通过氢溢流机制完成对载体氢吸附能力的增强，在此基础上 Li 通过与 SNS 表面 Si 的 s-p 和 p-p 杂化作用形成局域电场，搭建起氢和 SNS 之间的桥梁，通过静电库仑作用增强载体对氢的吸附。但选择吸附位点的相同取向，要求金属的沉积量必须适宜，才能避免产生团聚。这种将不同结构与特性的两类金属共同沉积，通过不同反应机制协同催化，联合提高载体性能的方案，将为其他二维材料的设计和制备提供新的思路。

二维硅材料负载金属纳米颗粒作为高性能催化剂研究领域的代表，在催化化学、电子器件、能源转换、环境保护以及生物医学等多个领域有着广泛的应用前景。

首先，在催化化学应用领域中，二维硅材料负载金属纳米颗粒的策略具有确定的结构、精确定位的金属中心和独特的金属-载体相互作用，可用于催化领域中的各种反应，如选择性加氢、偶联反应等，可以有效提升催化反应的效果。其中二维硅材料提供大量的活性位点，与负载的金属纳米颗粒如 Pt、Au 等之间的相互作用促进了界面处的电荷分离效率，提高了电子和空穴的利用率，增强电荷分离与迁移。金属纳米颗粒还可以增强二维硅材料的光吸收能力，通过局部表面等离激元共振效应，提升光催化效率。同时，金属纳米颗粒的引入增强了二维硅材料的稳定性，使得该复合催化剂在多次使用后仍能保持较高的催化性能。通过选择不同金属纳米颗粒或调整其尺寸、形状，能够获得不同结构与形貌的催化反应产物，实现产物的选择性调控。

其次，二维硅材料负载金属纳米颗粒在电子器件领域中具有广泛的应用潜力，包括提升场效应管器件性能、优化光电器件特性、提高传感器灵敏度等。用金属纳米颗粒可以有效地修饰二维硅材料的表面，可以高效调控其电子态和能带结构，显著影响材料的晶体结构和电子性质，进而对场效应管器件的性能产生积极的影响。例如，通过金属纳米颗粒的修饰可以在二维硅材料的表面形成局域表面等离激元共振，增强材料的电学和光学性质，从而提高器件的导电性和响应速度。金属纳米颗粒对光的局域场增强效应还可用于提升光电器件的性能。当金属纳米颗粒在二维硅材料表面修饰时，还可以增加材料的光吸收和光热转换效率，优化光电器件特性，对制造高效的能量转换器件如光伏电池和光热探测器具有重要的意义。金属纳米颗粒对环境中的化学物质和生物分子具有高灵敏度的特性，可以实现对特定气体或生物分子的检测，而且检测限更低，响应时间更快，可以用来增强二维硅材料在传感器件中的应用。同时，将金属纳米颗粒修饰的二维硅材料与其他类型的材料组合，可以促进异质结器件集成，不仅可以利用二维硅材料的高迁移率和良好的栅控特性，而且还能整合其他材料的功能特性，构建新型的异质结器件，为复杂电路的设计提供更多可能性。

最后，在高效能量转换的领域中，金属纳米颗粒如金（Au）、银（Ag）、铂（Pt）、钯（Pd）等具有较强的表面等离激元共振效应，可以增加二维硅材料对光的吸收，促进光生电子与空穴的快速分离，减少复合，从而提高光电转换效率。金属纳米颗粒的引入可以改善二维硅材料与其他材料之间的界面性能，降低接触电阻，提高器件的整体性能。金属纳米颗粒修饰的二维硅材料还可以用作电池电极材料，金属纳米颗粒的加入可以改善超级电容器的电荷存储和释放能力，提高其能量密度、功率密度、电导率和比容量，从而增强电池性能。同时，金属纳米颗粒可以作为燃料电池中的电催化剂，降低反应活化能，提高燃料电池的效率和稳定性。在析氢产氢方面，金属纳米颗粒如 Ru、Pt 等本身具有优良的导电性，由于其高比表面积和独特的电子性质，与二维材料的复合可以显著提高材料整体的导电性，可以显著提高电催化析氢的活性，从而降低析氢反应的过电位，有利于电子的快速传输，从而提高电催化析氢活性。在反应中，金属纳米颗粒修饰的二维材料可以提供更多的活性位点，有效防止团聚现象的发生，有效地促进水分子的裂解和氢气的生成，保持催化剂的高活性和稳定性，从而可以提高这些位点的电催化析氢效率。同时，金属纳米颗粒修饰的二维材料可以通过二维材料本身的抗腐蚀特性，保护金属纳米颗粒免受电解液的侵蚀，有效地抑制析氢过程中的副反应，从而保证电催化析氢反应的高耐久性。

参考文献

[1] Chen Y，Yu S，Zhao W. A potential material for hydrogen storage：A Li decorated graphitic-CN monolayer [J] . Physical Chemistry Chemical Physics 2018，20 (19)：13473-13477.

[2] Asadpour M，Mohammadiseif R，Hojati T，et al. Hydrogen adsorption on decorated graphyne and its analogous with Na [J] . Materials Research Bulletin，2018，98：200-205.
[3] Rojas K I M，Villagracia A R C，Moreno J L，et al. Ca and K decorated germanene as hydrogen storage：An ab initio study [J] . International Journal of Hydrogen Energy，2018，43 (9)：4393-4400.
[4] Yuksel N，Kose A，FerdiFellah M. A DFT investigation of hydrogen adsorption and storage properties of Mg decorated IRMOF-16 structure [J] . Colloids and Surfaces A：Physicochemical and Engineering Aspects，2022，641 (20)：128510.
[5] Kumar S，Kumar T J D. Hydrogen trapping potential of Ca decorated metal- graphyne framework [J] . Energy，2020，199 (15)：117453.
[6] 吴永恒，蔡余峰，曾华东，等．碱金属锂原子修饰硅原子链团簇的结构和储氢性能 [J] ．井冈山大学学报（自然科学版），2015，36 (5)：24-29.
[7] 兰世宇，张凤，黄欣，等 . Li 修饰的 SiB 纳米材料储氢性能的第一性原理研究 [J] ．能源与节约，2021，7：2-5.
[8] 王玉生．储氢材料：纳米储氢材料的理论研究 [M] ．北京：中国水利水电出版社，2015.
[9] 盛喆，戴显英，苗东铭，等．各 Li 吸附组分下 SNS 氢存储性能的第一性原理研究 [J] ．物理学报，2018，10：107.
[10] Molle A，Carlo G，Tao L，et al. Silicene，silicene derivatives，and their device applications [J] . Chemical Society Reviews，2018，47：6370-6387.
[11] Qian C，Sun W，Hung D L H，et al. Catalytic CO_2 reduction by palladium-decorated silicon-hydride nanosheets [J] . Nature Catalysis，2021，2：46-54.
[12] Lin X，Ni J. Much stronger binding of metal adatoms to silicene than to graphene：A first-principles study [J] . Physical Review B，2012，86 (7)：075440.
[13] 祁鹏堂，陈宏善，等 . Li 修饰的 C_{24} 团簇的储氢性能 [J] ．物理学报，2015，64：238102.
[14] 王玮．介孔碳氮材料负载 Ni 基合金纳米催化剂的制备及催化性能 [D] ．南昌：江西师范大学，2018.
[15] 原鲜霞，徐乃欣．金属氢化物电极中氢扩散系数的电化学测试方法 [J] ．大学化学，2002 (3)：27-34.
[16] 陈泽新，白忠臣，秦水介 . Li 修饰的石墨炔纳米管储氢性能的第一性原理研究 [J] ．四川大学学报（自然科学版），2020，57 (4)：786-790.
[17] 赵银昌，戴振宏，隋鹏飞，等．二维 Li＋BC_3 结构高储氢容量的研究 [J] ．物理学报，2013，62 (13)：458-463.
[18] Wang F，Li R F，Ding C P，et al. Enhanced hydrogen storage properties of ZrCo alloy decorated with flower-like Pd particles [J] . Energy，2017，139：8-17.
[19] Liu T，Lei X，Li Y Q，et al. Hydrogen/deuterium storage properties of Pd nanoparticles [J] . Journal of Power Sources，2013，237：74-79.
[20] Yu W Y，Gregory M M，Mullins C. B，et al. Hydrogen adsorption and absorption with Pd-Au bimetallic surfaces [J] . The Journal of Physical Chemistry C，2013，117 (38)：19535-19543.
[21] Yang H ，Orefuwa S，Goudy A. Study of mechanochemical synthesis in the formation of the metal-organic framework $Cu_3(BTC)_2$ for hydrogen storage [J] . Microporous and Mesoporous Materials，2011，143：37-45.
[22] Sonwabo E B，Henrietta W L，Robert M，et al. CoMPaction of a zirconium metal organic framework (UiO-66) for high density hydrogen storage applications [J] . Journal of Materials Chemistry A，2018，6：23569-23577.
[23] Jin J，Ouyang J，Yang H. Pd Nanoparticles and MOFs synergistically hybridized halloysite nanotubes for hydrogen storage [J] . Nanoscale Research Letters，2017，12：240.
[24] Wang Y，Lan Z，Huang X，et al. Study on catalytic effect and mechanism of MOF (MOF＝ZIF-8，ZIF-67，MOF-74) on hydrogen storage properties of magnesium [J] . International Journal of

Hydrogen Energy, 2019, 44 (54): 28863-28873.

[25] Kaye S S, Dailly A, Yaghi O M, et al. IMPact of preparation and handling on the hydrogen storage properties of $Zn_4O(1,4\text{-benzenedicarboxylate})_3$ (MOF-5) [J]. Journal of the American Chemical Society, 2007, 129 (46): 14176-14177.

[26] Chen S, Xiao S, Liu J, et al. Synthesis and hydrogen storage properties of zirconium metal-organic frameworks UIO-66 (H2ADC) with 9, 10-anthracenedicarboxylic acid as ligand [J]. Journal of Porous Materials, 2018, 25: 1783-1788.

[27] Ding L, Yazaydin A O. Hydrogen and methane storage in ultrahigh surface area metal-organic frameworks [J]. Microporous and Mesoporous Materials, 2013, 182: 185-190.

第6章

结论与趋势分析

6.1 结论

本书以二维材料——硅基纳米片 SNS 为研究对象，以优化结构和提高储氢性能为根本目标，从机制联合协同催化的角度出发，选择三维结构的 MOFs 材料、过渡金属和碱金属，通过不同的合成策略制备了具有多种结构和沉积特点的硅基纳米片储氢复合材料，系统讨论了产物的结构、微观形貌、成分组成对氢吸附量、吸氢动力学、循环稳定性等性能的影响，阐明了不同成分、制备方法和掺量对复合材料性能的影响机制，实现了 SNS 储氢性能的改善，所得主要结论如下。

① 以 $CaSi_2$ 为原料，选取甲醇、乙醇、异丙醇和乙二醇四种溶剂，通过改进的拓扑化学反应，优选出以甲醇为溶剂制备的 SNS 产物，其结构疏松，分散性好，比表面积大，孔径分布以微孔为主，片层很薄且呈半透明状。产物不含有其他杂质，表面氧化程度低，含有更多的吸附活性位点，在氢气吸附测试中表现出更大的吸氢量和最快的吸氢速率，循环稳定性较好，但储氢测试后微粉化严重。从化学结构式、物理性质和化学性质的角度，通过溶剂化效应和诱导效应理论，阐明了拓扑化学法制备硅基纳米片的反应机理，深入讨论了不同溶剂对产物结构、形貌和性能的影响规律，结果表明甲醇的 $\mathrm{p}K_\mathrm{a}$ 值小于乙醇和异丙醇，因此甲醇电离的离子浓度略高于后两者，在反应中甲醇可以在较短的时间里实现离子的快速置换和脱出，产物的片层分散状况优于其他溶剂制备的产物，反应效率也更高。乙二醇虽 $\mathrm{p}K_\mathrm{a}$ 值更小，但是由于密度较大，不利于离子运动，所以得到的产物结构不如前者的好。该实验方案为今后二维硅材料的制备提供了一种很好的方法，也为其他二维材料的合成开创了一种新的思路。

② 将金属有机骨架化合物 $Cu_3(BTC)_2$ 通过微波法与 SNS 进行原位复合，得到一系列三维材料包覆二维片层 SNS 的复合材料 SNS@ $Cu_3(BTC)_2$，考察了微波反应条件对材料结构、形貌、比表面积和孔径分布以及氢吸附热力学和动力学性能的影响，确定了反应温度 90℃、反应功率 500W、反应时间 10min 的适宜条件。在该条件下，通过阶梯控温方案成功制备了二维片层材料 SNS 插于三维框架材料 $Cu_3(BTC)_2$ 晶粒内部的复合产物，产物比表面积为

875m^2/g，孔径分布以微孔为主，氢扩散系数达到 10^{-7}，较未复合的涨幅达一个数量级，氢吸附量（质量分数）达 5.6%，动力学性能也得到了较大提升。机理分析表明，复合材料氢吸附性能的提高主要依赖于 3 个因素：a. 复合引入了大量的微孔，这些窄孔孔壁表面的势场重叠加强了材料与氢分子的吸附作用；b. 贯穿晶粒的 SNS，裸露的部分连通了邻近晶粒，为氢气分子的内扩散和外扩散提供了更多通道，提高了氢分子的扩散速率；c. 与 SNS 的原位复合使得 $Cu_3(BTC)_2$ 中 Cu 元素向载体的 Si 转移了部分电子，使材料产生了更多的不饱和金属位点。同时，低沸点溶剂置换法联合超临界 CO_2 干燥法，在高效去除残留的溶剂客体分子的同时，极大地保持了材料结构的完整性，为氢吸附提供了更大的比表面积和更多的吸附位点，因此实现了材料储氢能力的提高。该方案是一种将二维材料与三维材料复合的有效手段，显著改善了材料的储氢性能，为其他多维材料复合提出了一种新的设计策略。

③ 采用过渡金属 Pd、Ni 对 SNS 表面进行修饰，获得了 5%、10%和 15%三个不同金属沉积量（质量分数）的 Pd-Ni/SNS 复合材料，其中 10%的 Pd-Ni/SNS 具有稳定的成分和结构，Pd、Ni 双金属颗粒大小均匀，在 SNS 表面弥散分布而不团聚。其在 450K 时的氢吸附量（质量分数）达到了 4.15%，为三个样品吸附量之首，同时也展现出最大的氢吸附速率。电化学测试其氢扩散系数达到了 10^{-6}，相较于其余二者，体现出良好的氢扩散能力。对 Pd-Ni/SNS 的氢吸附机理的研究表明，首先，过渡元素 Pd、Ni 具有独特的电子排布结构，通过 Kubas 作用吸附氢。其次，过渡族金属会通过向 SNS 表面捐献电子形成局域电场，从而加强 Kubas 的吸附作用，当与氢发生吸附时，形成强度介于物理吸附和化学吸附之间的结合。Pd、Ni 作为活性位点中心，会通过氢溢流机制完成次级活性位点的活化，促进载体氢吸附能力的提高。最后，低沸点溶剂置换法联合超临界二氧化碳干燥的方法，在去除残留溶剂分子的时候保持了材料的完整性，确保载体在沉积金属的同时尽可能保留大的比表面积，为氢吸附提供了尽可能多的活性位点，提高了材料的氢吸附能力。

④ 以 SNS 为载体，采用过渡金属 Pd、碱金属 Li 两种不同结构的金属元素，通过沉积沉淀法进行金属负载，获得了 6%、13%和 20%三个不同沉积量（质量分数）的 Pd-Li/SNS 复合材料。从材料结构、形貌、元素分布、表面官

能团以及氢吸附热力学、动力学性能等方面的讨论结果表明，载体 SNS 在经过金属表面修饰后，氢扩散性能整体大幅提升，均达到了 10^{-6} 以上。其中金属负载量为 13%的 Pd-Li/SNS 性能最好，氢吸附量（质量分数）最大达到了 4.5%，在 475K 时具有最快的氢吸附速度，这与产物稳定的成分与结构、Pd/Li 金属颗粒在载体表面弥散分布而不团聚的形貌密不可分。Pd-Li/SNS 的氢吸附机理的研究表明，过渡元素 Pd 仍以 Kubas 作用吸附氢，通过氢溢流机制提升载体的氢吸附能力，而碱金属 Li 则以 s-p 和 p-p 杂化作用与 Si 形成局域电场，作为桥梁以静电库仑作用构筑氢和 SNS 之间的吸附。如此采用跨结构与特性的金属在载体表面修饰，利用各自的反应机制协同催化，联合提高载体性能的方案，对于其他二维复合材料的设计与制备开辟了新思想。

6.2 创新点

① 在以往的研究中，硅基纳米片（SNS）的制备方法具有反应条件苛刻、费时、成本高等缺点，本研究基于此提出了条件温和、反应效率高的改进拓扑化学法，获得了分散性优于以往研究结果的产物，并对其储氢性能进行实验测定，揭示了产物结构与性能之间的关系，为制备二维硅材料提供了新的思路。

② 将金属有机骨架化合物 $Cu_3(BTC)_2$ 晶粒与二维片层材料 SNS 成功原位复合，实现了材料孔道的变化，增加了扩散通道，发现了 Cu 和 Si 之间的电子转移，揭示了材料储氢性能提高的机理，为新型复合材料的设计与构造提出了新的概念。

③ 基于过渡金属吸附氢的 Kubas 作用和氢溢流机制，设计了 Pd、Ni 两种过渡金属共同修饰 SNS 的复合材料 Pd-Ni/SNS，证实了过渡金属与 SNS 表面的结合作用，通过改变金属负载量实现了对沉积位点和储氢性能的调控，获得了低用量、高性能的沉积方案，为储氢材料的实践应用夯实了理论基础。

④ 以不同机制的协同催化为出发点，通过实验将过渡金属 Pd 和碱金属 Li 两种不同结构的金属元素在 SNS 表面共同沉积，阐明了金属负载对材料储氢性能的影响机理，该跨机制协同提高载体性能的方案，为其他二维复合材料的构建与合成点亮了新坐标。

6.3 趋势分析

6.3.1 硅基纳米片的制备及改性方法

本书以类石墨烯的二维硅材料硅基纳米片为研究基体，以通过复合策略提高其储氢性能为研究脉络，选用金属有机骨架化合物 $Cu_3(BTC)_2$、过渡金属 Pd 和 Ni，以及碱金属 Li 与 SNS 制备了一系列储氢复合材料，系统研究了不同材料的种类及含量对产物组织结构、微观形貌和宏观储氢性能的影响，取得了较全面的研究成果和结论，但是产物的性能距离实际应用还有差距，尚有不完备之处需要进一步研究。

① 尽管本书提出了条件温和、反应效率高的硅基纳米片制备方法，但是材料的产率仍然偏低，主要是由市售反应设备的容量小，而且原料 $CaSi_2$ 的纯度不高造成的。同时，反应过程溶剂消耗量很大，无形中增加了反应成本和资源消耗，也对废液的处理及环境保护造成一定的压力。北京理工大学曹传宝教授团队开发的低成本模板法及镁热还原过程，首次实现了硅基纳米片的宏量制备。此方法对硅材料的二维生长具有重要的意义，因为硅具有各向同性的立方相晶体结构，不易自发形成层状结构，这在以往的研究中被认为是困难的。因此，实现硅基纳米片的大规模制备是非常重要的。

② 本书中采用不同的复合策略对硅基纳米片进行改性，均取得了不同程度的提高，但是产物的性能距离实际应用仍存在不小的差距，首先是产物本身的结构和特性所决定的，其次是与实验反应条件、金属沉积量和两种金属之间的比例密切相关，后续可以通过进一步改进实验方案，尤其是优化金属颗粒沉积的实验条件，调整金属的沉积量和比例，也许能获得结构、性能更好的产物。有许多研究报道，可以通过自上而下的锂化和剥蚀工艺，或是通过化学法对原料 $CaSi_2$ 进行氧化和剥落，或是在 Ag、Au 金属基底上直接生长的方式制备硅基纳米片，不同的制备方法得到的产物结构和形貌差别很大，直接影响其在实际中的应用。

③ 复合材料的设计与制备一直是催化领域的研究热点，今后可选择不同的金属离子、不同配体的 MOFs 材料以及共价有机骨架材料 COFs 与 SNS 复合，通过设计实验方案精准调控复合位置，利用不同金属离子与 Si 的相互作

用，获得效果更好的复合材料，拓展出新的研究方向。

④ 除了过渡金属、碱金属以外，也可采用位于第Ⅱ、Ⅲ、Ⅳ主族的碱土金属、硼族元素和碳族元素与多种二维材料进行复合，丰富的电子特性不仅使其具有良好的储氢性能，在超导、催化和电子学等方面也具有潜在的研究意义和应用价值。

6.3.2 硅基纳米片的性能研究及应用

硅基纳米片由于其独特的物理化学性能，通过 XRD、SEM、TEM 以及 HRTEM 等电子显微镜技术，可以直观地观察硅基纳米片的形貌和微观结构。通过红外光谱和拉曼光谱可以鉴定物质的化学组成和分子结构，对硅基纳米材料进行定性分析。采用循环伏安法（CV）、恒电流充放电等电化学测试手段，评估硅基纳米片作为锂离子电池负极材料的性能，包括其循环稳定性、倍率性能以及充放电曲线等重要指标。这些分析方法对硅基纳米片的进一步优化和应用开发至关重要。此外，还可以通过结合实验数据与理论模拟，更深入地理解材料性能背后的物理化学机制，为未来的应用提供科学依据。

硅基纳米片在电化学、气体的吸附与存储、半导体、传感器、生物医药、光电子器件等领域显示出广阔的应用前景。

（1）电化学领域

研究表明，与商业硅相比，二维介孔硅纳米片经过碳包覆后，在锂离子电池中可以明显改善电极材料的循环性能，这一性能的提升主要得益于其独特的二维介孔结构和碳包覆层，这两者协同作用，有效促进了锂离子的扩散，提高了界面电荷转移速率，并缓解了硅的体积膨胀，与商业硅颗粒和纯硅纳米片相比，碳包覆后的硅纳米片在 400mA/g 下的循环稳定性和不同电流密度下的倍率性能都有显著提升。恒电流充放电曲线显示，Si/C 纳米片相较于未包覆的硅纳米片，在充放电过程中表现出更优的性能，这从其更平稳的充放电平台和更高的首次库仑效率中可以看出。硅基纳米片材料作为锂离子电池的负极材料，显示出优异的电化学性能。例如，从块层状钙硅合金中制备的高质量二维纳米硅（2DSi），在 5000mA/g 的电流密度下，经过 3000 次循环后仍能提供 835mA·h/g 的稳定循环容量。硅基纳米片将来还会在钠离子电池、钾离子电池、镁离子电池、锌空电池等新型电池技术中为提高离子传输速率和理论容量发挥更大的作用。

云母纳米片被提出用于改善硅微纳电子器件中的电子输运性能，其与硅基底之间的界面吸附行为对构建的微纳电子器件的性能和力学稳定性极为关键，二者之间良好的界面吸附可以有效降低界面态密度，减少电子在界面处的散射和复合，从而提高电子输运性能。同时，云母纳米片的介电特性能够优化硅基器件的电容特性，通过降低漏电流和增加电荷存储能力，从而提升整体器件性能。虽然采用各种无机材料对硅基纳米片进行改性可以显著提升其电化学性能，但长期使用中可能出现脱附现象，需要进一步研究如何增强界面结合力，提高硅基器件在恶劣环境下的稳定性和寿命。

硅基纳米片可提供更高的能量密度和快速充放电能力，被认为是超级电容器电极材料的有力候选者。与石墨烯相比，硅基纳米片具有规则弯曲的结构，这种结构特性使其在储能应用中表现优异。有研究首次通过对二硅化钙进行适度氧化来生产硅基纳米片，并在高压超级电容器中展示了卓越的电学性能，超过了先前报道的其他硅基材料。通过采用原位复合其他功能材料如 MXene、富勒烯、碳纳米管、COFs、纳米金属颗粒等，将会进一步提升其电子传输速率，提高超级电容器的综合电学性能。

（2）气体的吸附与存储领域

利用硅基纳米片材料的原子级厚度和高强度特性，可以制备高效的气体分离膜。这些膜可以利用尺寸筛分或努森扩散机制进行气体分离，从而提高分离比和气体通量。例如，通过真空抽滤、涂层或朗缪尔法可以将二维硅材料堆垛成具有规则二维纳米通道的膜结构，这为从工业废气中有效地回收和分离有用气体提供了可能。硅基纳米片由于其高比表面积和可控的孔隙结构，展示出良好的氢存储能力，该特性使其在氢能储存和运输中具有潜在的广泛应用。研究表明，通过对二维硅材料的官能团进行修饰，可以进一步增强其对氢气分子的吸附能力，从而提升储氢效率。同时，由于优异的化学敏感性，它可用于开发高性能的气体传感器，用于检测环境中的有害气体如一氧化碳、二氧化硫等。结合其高的比表面积和化学活性，二维硅材料也被用于环境净化应用中，如通过吸附和催化作用去除空气中的污染物。将二维硅材料与其他功能性材料复合，例如将其与离子液体结合，可以创建出新型的复合材料，用于高效的气体分离和存储。这种复合材料可以利用离子液体的“限域效应”提升性能。此外，通过改变二维材料或离子液体的种类，抑或选择与离子液体性质相近的其他材料，都可以实现性能上的调节，为设计高性能气体分离膜提供巨大的选择空间。

（3）半导体领域

随着晶体管尺寸缩放至10nm以下，硅基器件的性能受到严重影响。硅基纳米片作为二维半导体材料中的一员，凭借超薄结构、高迁移率和优异的栅控特性，展现出解决短沟道效应和漏电问题的优势。通过减薄至原子级厚度，可以有效降低工作电压/电流以及能耗，天然免疫短沟道效应影响，而且无悬挂键的洁净表面减少了散射导致的载流子迁移率退化问题。硅基纳米片丰富的能带结构便于设计多样化的逻辑和存储器件，具有开发低功耗和高性能集成电路的潜力。例如，各种新型二维晶体管如FinFET、TFET、NCFET等，能够在亚纳米尺度对沟道进行有效调制。同时，二维硅材料可作为二维存储器在操作速度、工作电压和泄漏电流方面表现出更大的潜能。通过改善界面耦合、势垒高度和栅极耦合比，能够实现纳秒级操作的非易失性存储器，从而解决高速写入与长时间保持无法共存的困境。现有计算系统基于冯·诺依曼架构，导致能源与时间消耗巨大，二维硅基纳米片允许多种功能集成，实现存内计算、感内计算及一体化感知-存储-计算，超越冯·诺依曼架构的限制。例如，基于二维材料的树基准，为评估各模块性能提供了重要参考指标，这种多功能层的三维单片集成能够提高系统处理效率和集成密度，凭借层状微结构、大比表面积和灵敏的传感响应，展现出在人工智能芯片和量子芯片等新兴领域的潜力。这些应用需要结合特定机制和器件设计，以充分利用硅基纳米片材料的独特性质。然而，与成熟硅技术相比，硅基纳米片材料需要一些非常规技术，短期内完全取代硅并不现实。因此，其真正机会在于与硅电路整合，作为补充技术，缓解甚至创造超越硅的技术。目前，硅基纳米片的研究正从实验室向产业化过渡，面临工艺优化、材料转移与集成、封装技术等多方面挑战。例如，化学气相沉积（CVD）技术需进一步优化以满足CMOS工艺的兼容性要求。研究者正致力于开发无损转移方法和减少界面缺陷的新型绝缘层，以提高器件性能和可靠性。这些努力将推动二维材料在半导体领域更广泛的应用和发展。

（4）传感器领域

硅基纳米片在传感器领域的应用将涵盖物理传感器、化学传感器和生物传感器等多个方面。利用硅基纳米片的优异机械性能，可以制成高灵敏度的应变传感器，能够检测微小的形变，适用于结构健康监测、可穿戴设备以及智能皮肤等领域；也可以被用作压力传感器，其高灵敏度和快速响应时间使其在汽车、航空航天和工业监控等领域得到广泛应用。基于硅基纳米片的气体传感器对各种气体分子具有高灵敏度和良好的选择性，可以用于检测空气质量、工业排放和环境监测中的有害气体。硅基纳米片通过表面修饰，可以用于检测溶液中的重金属离子和其他污染物，有助于环境保护和水质分析。利用二维硅材料的光电特性，可以开发光吸收和荧光传感器，用于检测光强、颜色和光谱变化，在显示技术、光通信和光学研究中有重要应用。将硅基纳米片与射频电路集成，可用于开发无线传感平台，实现远程监控和物联网应用。例如，可以用于智能家居、智慧城市和工业物联网技术中。这些应用充分利用了二维硅材料的高比表面积、优异的电导性质以及对表面吸附物质高度敏感的特性。

（5）生物医学领域

硅基纳米片具有高电导率、良好的生物相容性、独特的纳米片结构以及大比表面积等优异特性，可以用作药物载体，通过功能化修饰实现靶向递送，将药物直接输送到病变部位，提高治疗效果并减少副作用；可以实现药物的可控释放，通过外界刺激如 pH 值、温度或光照来调节药物释放速率，从而提高疗效；可以开发出高灵敏度的生物传感器，用于检测蛋白质、核酸和其他生物标志物。硅基纳米片在光学和磁共振成像中表现出独特性能，可作为多模式成像平台，提供更丰富的诊断信息，有助于疾病的早期检测和治疗监控。二维硅材料本身具有抗菌性能，可以用于制造抗菌涂层和敷料，防止感染，促进伤口愈合；也可以与抗生素结合，进一步提高其抗菌效果，为抗击耐药菌提供新途径。此外，还可以通过功能化修饰和复合材料制备，赋予二维硅材料多种功能，如同时具备药物递送和生物成像能力，实现治疗与诊断一体化。未来，随着研究的深入和技术的进步，预计以硅基纳米片为代表的二维硅材料将在药物递送、生物传感、癌症治疗、组织工程等领域取得更大突破，推动生物医学的发展。

（6）光电子器件领域

硅基纳米片在光电子领域的应用展现出巨大潜力，涵盖了光电探测器、太阳能电池、发光二极管和激光器等多个方面。这些应用利用了二维硅材料的高比表面积、优异的电导性质以及独特的光学特性，为光电子技术的发展带来了新的可能性。二维硅材料可以被用作高性能的光电探测器，其大比表面积和优异的电导性质使其对光信号响应迅速，适用于光通信和光传感应用。利用硅基纳米片的光学特性，可以开发出新型的发光二极管和激光器，具备低功耗、高亮度和窄线宽等特点。例如，基于二维硅材料的 LED 和激光器可以在可见光到近红外波段工作，用于显示技术和光通信领域。基于硅基纳米片的光子晶体和微腔可以实现对光的强限制和高效操控，其独特性质有助于开发高密度集成光子电路和量子芯片，为量子通信和量子计算提供关键技术支持。硅基纳米片还可以与其他功能材料结合，形成多功能光电子器件，如具备能量转换和存储功能的一体化器件。未来，随着材料合成和器件工艺的不断优化，二维硅材料将在光电探测器、太阳能电池、发光二极管、激光器以及光子集成和量子信息处理等领域取得更大突破，推动光电子技术的发展。

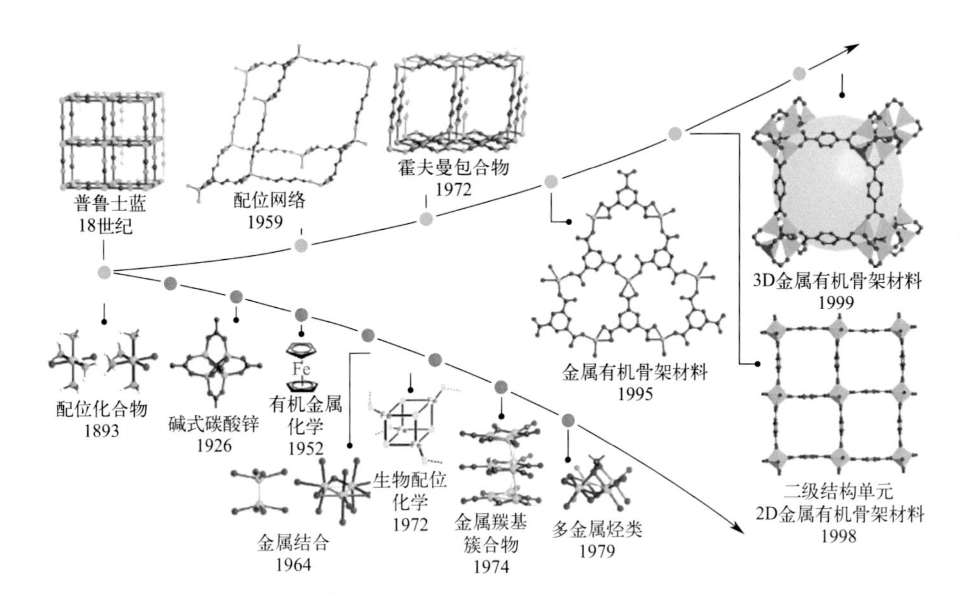

图 1-3　MOFs 材料发展进程图

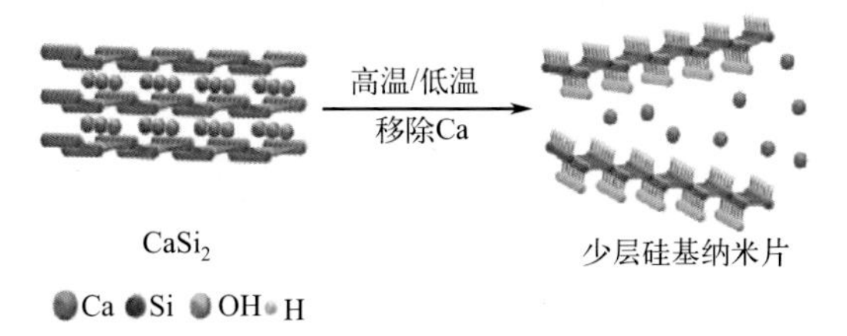

图 1-7　常见的拓扑化学法制备硅基纳米片的反应模型

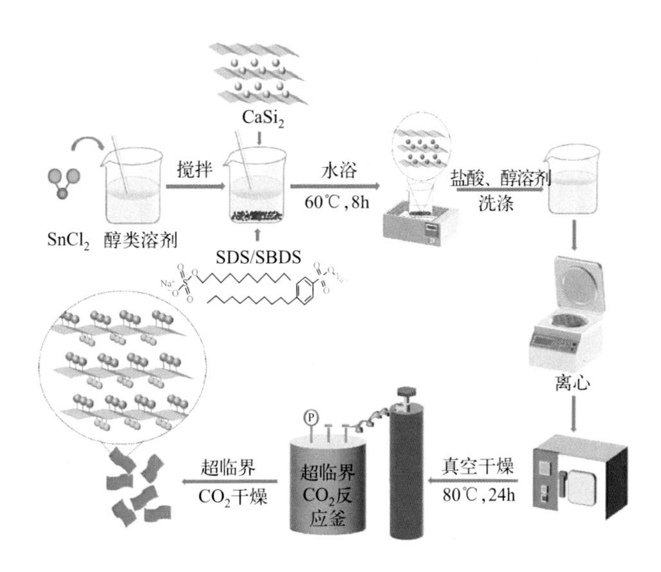

图 2-1　改进的拓扑化学法制备硅基纳米片的工艺流程

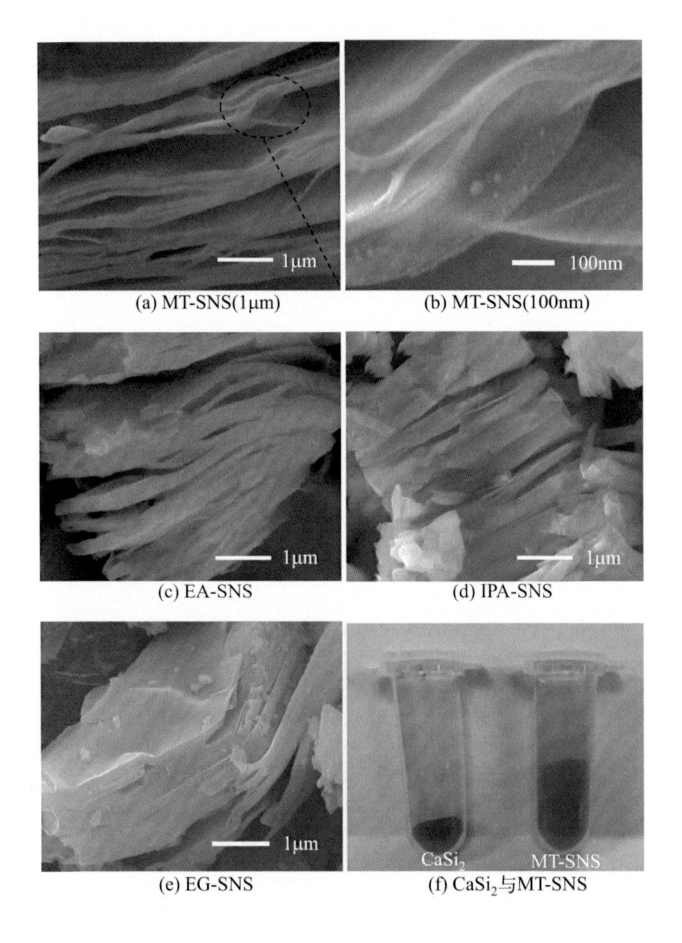

(a) MT-SNS(1μm)　(b) MT-SNS(100nm)

(c) EA-SNS　(d) IPA-SNS

(e) EG-SNS　(f) $CaSi_2$与MT-SNS

图 2-3 不同醇溶剂制备的硅基纳米片的 SEM 图以及 $CaSi_2$ 与 MT-SNS 对比图

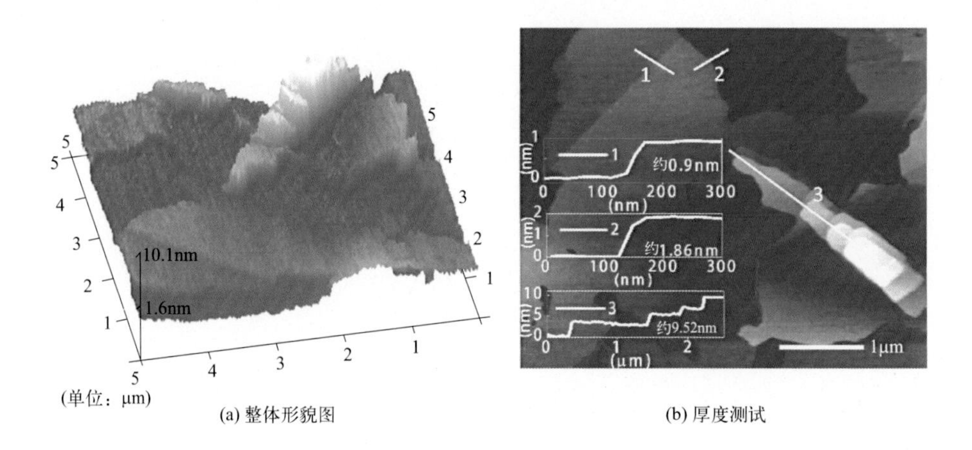

(a) 整体形貌图　(b) 厚度测试

图 2-5 MT-SNS 的 AFM 图像

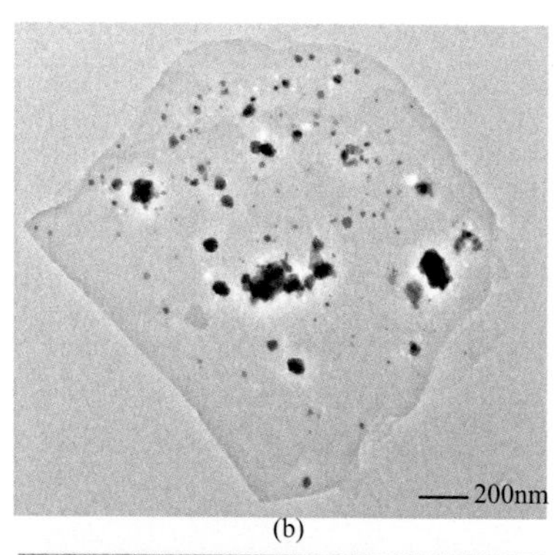

(b)

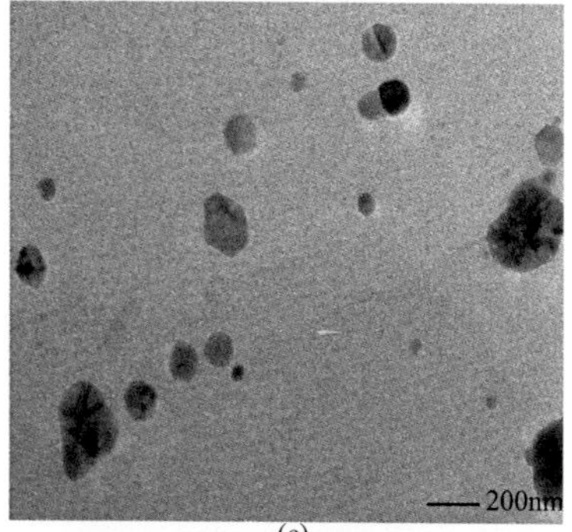

(c)

(d)

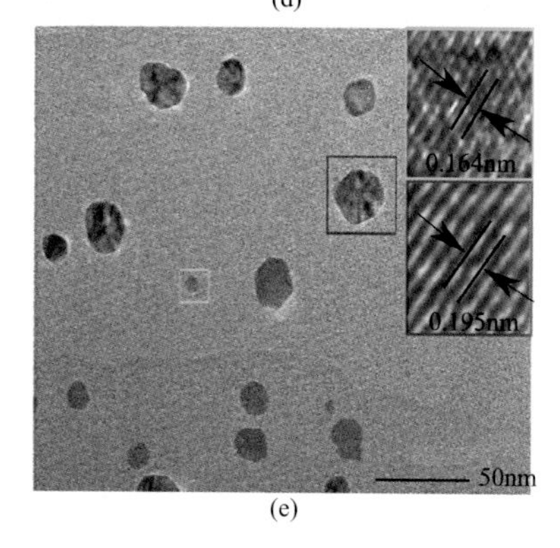

(e)

图 5-6

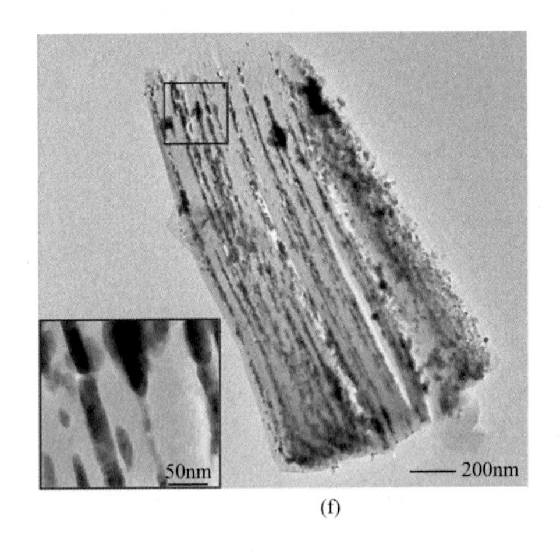

(f)

图 5-6 6%（a，b）、13%（c，d）、20%（e，f）Pd-Li/SNS 的 TEM 图

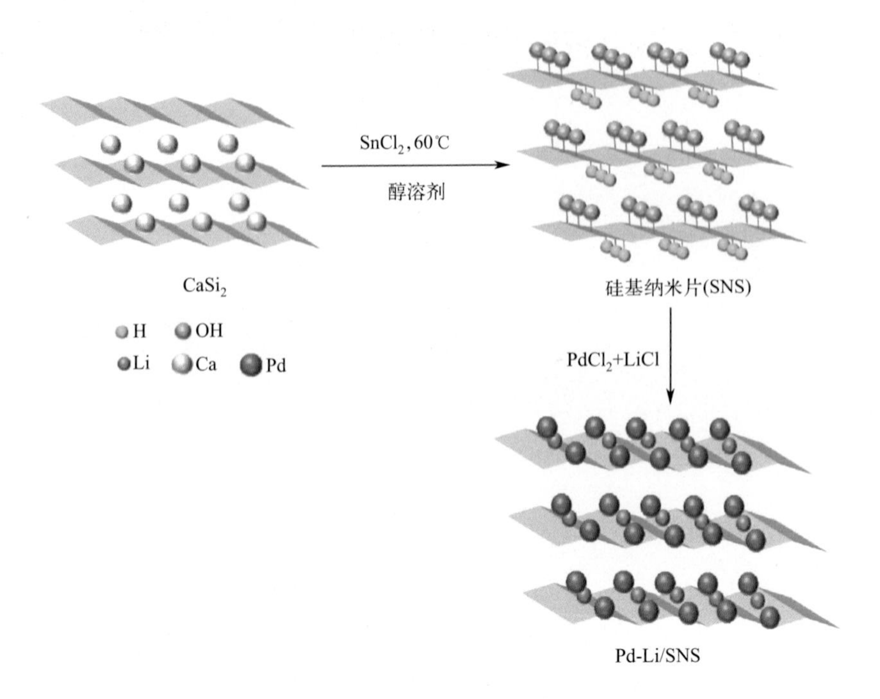

图 5-13 Pd、Li 在 SNS 表面沉积过程的模拟图